JN012720

霞が関 型破り人生

混迷の郵政を駆け巡る

勝野成治 著
SEIJI Katsuno

一般社団法人 金融財政事情研究会

推薦のことば

「はじめに」によれば、筆者の著作動機は三つと書かれていますが、実は、四つ目があると聞きました。それは、「ある難病の患者達の救済のために、この本の印税を活用し、彼ら／彼女らの希望を少しでも輝かせたい」ということだそうです。

今後は、筆者も罹患しているその難病を相手に、本文エピソードのような活躍を期待したいと願わざるにはいられません。その意味からも、一人でも多くの方に読んでほしい一冊です。

――衆議院議員　**野田　聖子**

「労使関係」に信頼を築き、「郵貯・大蔵百年戦争」を戦い、民営化の嵐のなか郵政三事業を守り抜いた国士、勝野先輩の「半世紀」。数々の武勇伝、心温まる人との触れ合い、郵政関係者だけではなく、霞が関全部の皆さまに是非読んでいただきたい実録です。

――衆議院議員　**奥野総一郎**

はじめに

私が本書を著そうと考えた理由は三つあります。

最近、現役や後輩の元気がないことを心配した私は、彼ら、彼女らを元気づけるために、約半世紀にわたる郵政人生を、逸話を含め、活字化し、こんなハチャメチャな先輩が存在したということを伝承していきたいと考えるようになりました。これが、本書を著した第一の理由であり、その意味で、本文中の過去に関する言及部分は、少なくとも事象としては、ノンフィクションの記録です。

私は、郵政人生において色々な仕事に携わってきましたが、常に心がけたのは「人材育成」です。本書についても、会社の内部登用試験を受験しようとされている方はもちろん、そうでない方も、読後に「なんとなく実力がレベルアップした！」と感じるような面白い実戦教材を提供したいと考えておりました。これが、本書を著した第二の理由です。

第三の理由は、圧倒的・絶対的な自信のあった体力・筋力・持久力・アルコール分解能力も加齢とともに衰え、同世代の仲間からも訃報が届くようになってきたことです。私自身、生涯を振り返り、反省すべきは反省し、残りの人生をより充実したものとするための契機としたいと考えたものです。

   ◇

私は昭和二九年（一九五四年）に福岡県で生まれました。父親の仕事の関係で、小・中学生時代は転校を重ね（福岡↓大分↓熊本↓福岡↓大分）、大分上野丘高校を経て東大法学部へ進みました。大学では法学部というより運動会合気道部に籍を置き、合気道のほか鹿島神流をはじめとする剣術、体術、拳法等を学びました。大学生活で「先生」と呼んだ唯一の人、「田中茂穂」合気道九段・明治神宮至誠館初代館長（故人）と出会い、そして、私が最も心酔した「現代の宮本武蔵・藤森明」氏（後述）と親交を結ぶこととなりました。

勉強熱心なため五年間かけて大学を卒業し、昭和五三年に郵政省に入省しました。

ここで、「私」の人となりを知っていただくうえで役立つと思われるエピソードを二つほど紹介させていただきます。

親父の晩酌の相手をしながら……

父は、太平洋戦争終結後、南方戦線から帰国し、九州でトラック運転手をしていました。

ある日、銀行員募集の新聞広告に目が留まり、これに応募。見事合格。その銀行の行訓「興産一万人」という言葉にいたく感銘を受け、仕事に邁進した結果、若くして南九州一帯を預かるブロック長にまで昇進したそうです。しかし、銀行本部の融資姿勢が「育成」から「貸金回収・確保」へと軸足を移していくことに疑問を感じ始め、終には四〇代で銀行を退職しました。

父は私に対し、晩酌（月にアルコール度数二〇度の焼酎一升瓶一〇本程度）をしながら、次のような話をよくしていました。

「戦後の荒れた商店街、夫婦二人で始めたお店がある。銀行も一緒になってお店興しに力を入れてきた。お子さんが生まれて家族三人。ますます大変な時期に、業績不振を理由に融資打切り指示が本部から飛んでくる。今融資を打ち切れば、お店は倒産、一家は夜逃げ同然、路頭に迷う状態に追い込まれてしまう。「もう暫くの猶予を！……」と本部へ掛け合うが、ほとんどの場合が冷酷無比な返答ばかり。案の定、夜逃げへ。乳飲み子を抱いた奥さんの不安そうな顔が瞼に残る」

また、父は晩酌をしながら、口癖のように言っていたことがあります。

「銀行に行くなら相互銀行はダメだ。資金力のある都市銀行に行け」、その翌日「昨日は都市銀行ならいいと言ったが、都市銀行も最後は自行のことが大事。やっぱりダメだ。銀行へ行くなら、日銀だな」、さらに、その数日後、「日銀ならいいと言ったが、○○銀行と名がつくところは大同小異。政策論議に徹することのできる大蔵省銀行局がいい」。時にはこれに続けて、「ビックリしたのは、若い官僚がやってきて、支店長席にドーンと座って、同行してきた自分の父親のような年配のベテラン職員に向かって何やら指示をしている、その態度は生意気で不遜といえばそうなんだけども、どこか自信に裏打ちされたカッコよさがあり何とも不思議なんだ」と言っていました。

大学卒業後、就職活動を終えて気がついてみると、私は、桜田通りを挟んで大蔵省の対面に位置する郵政省の貯金局にいて（※）、「郵貯ＶＳ大蔵省・民間金融機関一〇〇年戦争」の一方の当事者となっていました。「人生は面白い」と言うほかありません。

※　郵政事業は国の直営から事業庁、公社、株式会社とその運営形態は移り変わりましたが、現在のゆうちょ銀行の本店機能に相当する組織であった郵政省貯金局は平成二七年まで「東京都千代田区霞が関一－三－二」（桜田通りを挟んで旧大蔵省（現財務省）の前）にありました。

武道・人生の師「現代の宮本武蔵・藤森明氏」との出会い

「一番尊敬する人物は誰か?」と問われれば、私は、迷わず藤森明氏（※）の名前を挙げます……といったありきたりの表現では私と藤森さんとの関係は言い尽くせません。藤森氏は、岡山県の生まれ。小さい頃に両親を亡くされ、親戚のご家庭に預けられながらも、小学校高学年の頃には米軍基地で通訳等のアルバイトをして小遣いを稼ぎながら弟妹を高校まで卒業させ、そのあと自分は東大へ進みました。

武道・人生の師、藤森明氏

（出所）『日本武道の理念と事理』（東洋出版、2017年）

　中学校時代は、岡山県を南北二つに分けた北の番長でした。ただ、今、目の前にいる男が「北の番長の藤森」だと気づいた人はほとんどいなかったようです。なぜなら、当時から「見た目」は全く普通の人だったからです。身長は一七〇㎝程度、体重六五㎏そこそこなのに高校時代は柔道無差別級全国三位。ベンチプレスはフルで一八〇㎏、ハーフで二五〇㎏。

藤森氏は私より、一八歳年上の先輩です。私が大学五年のある時「仕事のできる男の要件は何ですか？」と尋ねたところ、「酒と喧嘩と女性、この三つの項目のうち、二つ以上人より秀でれば、仕事もできる」とアドバイスしてくれました。以来、私はその言葉を真に受けて精進してきたつもりですが、その結果がいずれも芳しくないことは私自身の今の原動力の源となっているようにも思います。

藤森氏の代表的著書

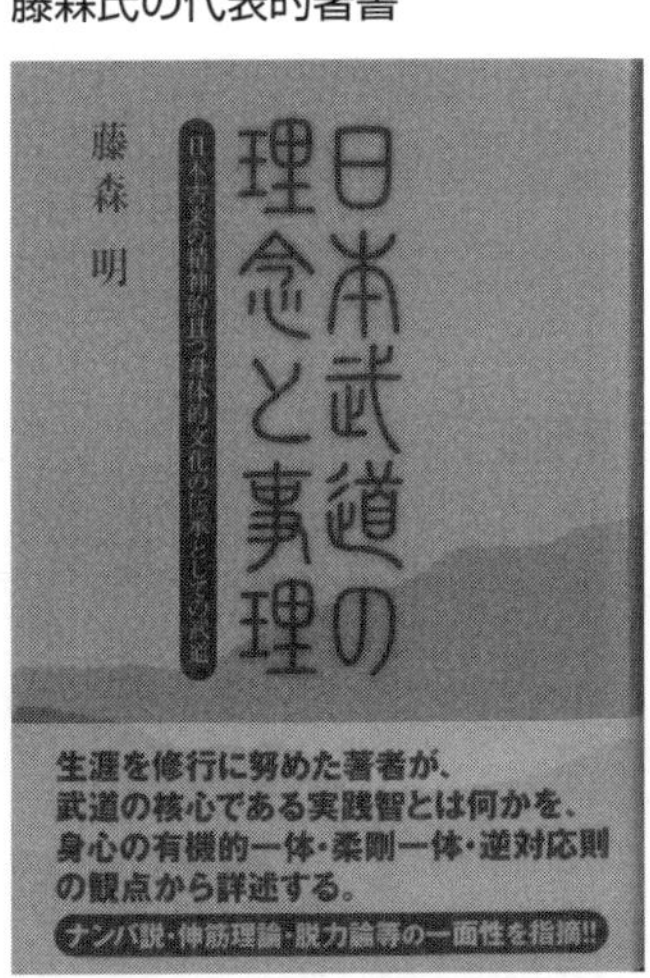

最後にお会いしたのは、藤森氏七五歳の時。日課としていた腕立て伏せ二〇〇〇回、上体起こし（腹筋）二〇〇〇回のトレーニングの途中でした。

藤森氏が私に贈ってくれた歌があります。

「忘れさせ　思い出させる酒ならば　酒飲む人は良く生きし人」

私はこの本のなかで、酒にまつわる失敗をいくつか（たくさん？）「告白」してますが、反省するたびごとに「藤森氏なら、どう対処するだろうか？」と自問自答することを忘れないようにしてきました。

※　武徳流合気柔術創始者。代表的著書に「日本武道の理念と事理」（東洋出版）があります。同書の巻末には藤森氏の指導風景を収録したＤＶＤもついています。

本書は、私が経験してきた約半世紀に及ぶ郵政人生のなかで、失敗談を含め現役の皆さんの元気が出るような話をピックアップして、一つのストーリーとしてまとめたものです。エピソードはたくさんありますので、とても一冊には収まりきれません。本書に収めることができなかったエピソードは、読者の評判を待ちながら、場合によっては、二冊目を刊行するリスクも取り皆さんに紹介したいと考えています。

目次

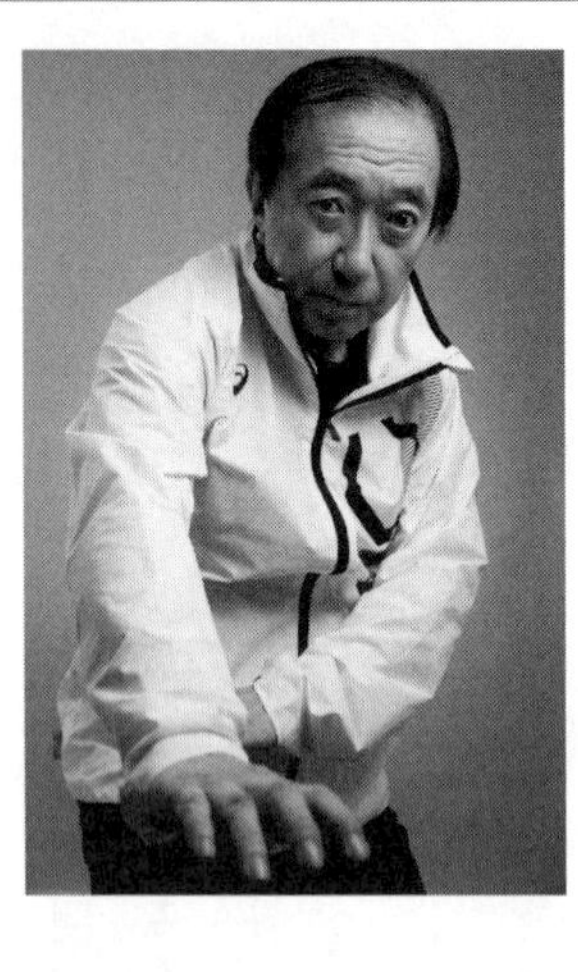

●酒にまつわるエピソード

プロローグ

採用面接官の心得

国のために役に立ちたいとの思いから国家公務員を志望していた私は就職活動中にいくつかの中央官庁を訪問して、採用面接官と対話をしました。就職活動では、貧乏学生生活の経験から食糧問題の解決に取り組むため農林水産省を、また、市民生活の安全確保は男児が体を張るに相応しい仕事だとの基本認識のもと、警察庁などを訪問していました。

就職活動では警察庁面接官の言動に幻滅し、郵政省と農林水産省の面接官同士の駆け引きに翻弄されるも楽しい勉強をさせてもらいました。

あれはどう考えてもやっぱりまずいんじゃないの？――警察庁

警察庁採用面接官　「君は成績が悪いね。最近はね、うち（警察庁）も人気が上がってきていてね。成績のいい人がたくさんくるようになりましたよ。それにしても、君は成績悪いね」

その面接官は、他の面接官に向かって大きな声で「おーい、こんな悪い成績でうちを志望している学生がいるよ」と話しかけ始めました。成績がよくないのは覚悟のうえですので、とやかく言うつもりはありません。しかし、警察という公権力の執行機関における個人情報の取扱いとしてはあまりにぞんざいであり失敬ではないか。そこで、こちらから逆質問してみました。

私 「警察に入ると、命の危険を感じるような場面に遭遇することも多いのでしょうね。そんなときはどうされるのですか？」

警察庁採用面接官 「そんなこと心配しなくていいよ。部下を前へ出して自分は安全なところまで下がればいいんだ」

数分後、私は「あなたのような上司がいるから現場の第一線で苦労しているお巡りさんの評判が落ちるのだ！」と切れそうになる自分を抑えながら桜田門をあとにしました。この程度のことで警察嫌いになるわけではありませんが、面接官は組織の顔であり、また、面接官自身が相手に面接されているということを警察庁では教えていなかったのでしょうか。

対話と駆け引きの妙を体感――農林水産省&郵政省

一方、農林水産省は最終面接の一歩手前までいっていました。ところが、この時、郵政省の面接官は一歩先を読んでいました。「煮え切らない農水省の態度をはっきりさせたいのならば、「郵政省は、是非、うちに来てほしいと言っています」と農水省へストレートに伝えてみたらどうか。そうすれば農水省も早く決断してくれるに違いない」というアドバイスを受けたのです。その当時、まだまだ素直だった私は、それを真に受けてそのまま農水省へ伝えました。すると、それを聞いた農水省の主任面接官は、「就職は結婚と同じで、相手から求められていくのが一番幸せだ。郵政省がそこまで言ってくれているのなら、郵政省へ行ったらどうだ」と駆け引き上手な反応！「結婚と同じで」と言われても結婚したことのない体育会系武骨者にわかるはずもありません。今の自分なら腹のなかはどうであろうと迷わず「ここで働きたいんです!!」と情熱を込めて切り返し、農水省からの採用内定を勝ち取っていたでしょう。しかし、その時は、どうしたことか、私の頭のなかに郵政省面接官の巧みな話術と郵政省待合室で味わったコーヒー&ショートケーキのおもてなしが思い出され、農水省の主任面接官に対して物の見事に「はい！　それでは、そうさせていただきます」という言葉を返し、最初からシナリオができていたかのような潔い結末になってしまったわけです。

御歌

「かの時に　我がとらざりし　分去（わかされ）の　片（かた）への道は　いづこ行きけむ」

畏れ多くも上皇后陛下のお気持ちの千分の一、万分の一にも匹敵しないかもしれませんが、選んだ道に悔いはありません。

参考までに、私が独断と偏見で作成した「採用面接官心得五か条」を紹介しておきます。

採用面接官心得五か条

①面接官は、会社の顔と心得るべし。

②面接は、会社ＰＲの絶好のチャンス。

③面接官は、面接されるつもりで面接せよ。

④面接官は、（傲慢になりがち）謙虚かつ誠実であるべし。

⑤面接官は、相手の立場に立つことがあっても、プライバシーには踏み込むべからず。

エピソード
1

郵政本省取り巻き三万人集会

私が入省した昭和五三年当時、郵政省には、複数の労働組合があり、なかでも全国的な組織としては「全逓信労働組合（全逓）」（総評系）と「全日本郵政労働組合（全郵政）」（同盟系）が存在していました。このうち、全逓が郵政省の労務政策変更を掲げ、その友好団体の応援を得て大臣に申し入れにきた事案は、「三万人集会」と呼ばれています。郵政省側は少人数で平和裏に話し合いができるのであれば応じる予定でしたが、三万人という数の力を背景に礼儀作法を無視しさらには暴走のリスクもあったため話し合いを謝絶。これに対して、組合側のブレーキが効かなくなり、激突することとなりました。

私は、人事局管理課に配属された翌月、管理職でもないのに公労委告示一号職員（※1）として、国の庁舎管理権の発動に基づくロックアウト班（※2）の一員に組み入れられ、いきなり労使の激突に巻き込まれてしまいました。当時、開かれた官庁を目指していた郵政省

門扉もシャッターも設けられていなかった郵政本省庁舎（東京・虎ノ門）

にはシャッターや門扉がなく、集団の侵入を阻止するには、阻止する側の職員が「人間門扉」と化す必要がありました。

　ロックアウト要員に指名されたベテラン職員は実に手際よくズボンの裾を捲り上げ、脛に週刊誌を巻いていました。「集団×集団」がぶつかり合えば、往々にして暴力事案が発生しますが、その場合、上半身に手を出すと目立ってしまいカメラで証拠写真を撮られやすい。そこで集団抗議慣れしている人たちはカメラに映らないように脛を狙って蹴ってくるのです。そうした実戦のなかから効果とコストを加味して生まれた被害者側の知恵が「脛週刊誌」だったわけです。

　次第に大きくなってくる罵声。聞くに堪えない下品な怒声。風もないのに倒れてくる旗竿、それも決まってこちら側に。そして多勢に無勢。となると、機動隊の出番です。誤解を恐れずに言わせてもらえば、その時ほど機動隊を頼もしく思ったことはありません。

私は、三万人集会の途中で、ロックアウト班からカメラ班に回されました。私は、その時はこれを上司の温情と受け取りましたが、脛蹴りされる「カメラマンのリスク」の話を事前に聞いていたらビビっていたかもしれません。それにしても、「自分はとんでもない官庁に就職したもんだ」という思いが強く脳裏をよぎったものです。

※1　公共企業体等労働委員会（当時：現在は中央労働委員会）は、健全な労働運動及び労働組合自治確保の観点から、経営側の者が組合に入らないよう、団体の役員や管理者若しくは彼らと密接な関係にある者を告示し、彼らが間違っても、組合に入ることのないように取り扱う仕組みとなっているものです。

ちなみに、労働組合法第二条には「労働組合」とは「労働者が主体となって自主的に労働条件の維持改善その他経済的地位の向上を図ることを主たる目的として組織する団体又はその連合団体をいう」とされていますが、同条但し書きに該当するものとして、以下を除外しています。

一　役員、雇入解雇昇進又は異動に関して直接の権限を持つ監督的地位にある労働者、使用者の労働関係についての計画と方針とに関する機密の事項に接し、そのためにその職務上の義務と責任とが当該労働組合の組合員としての誠意と責任とに直接抵触する監督的地位にある労働者その他使用者の利益を代表する者の参加を許すもの。
二　団体の運営のための経費の支出につき、使用者の経理上の援助を受けるもの。但し、労働者が労働時間中に時間又は賃金を失うことなく使用者と協議し、又は公表することを使用者が許すことを妨げるものではなく、且つ、厚生資金又は経済上の不幸若しくは災危を防止し、若しくは救済するための支出に実際に用いられる福利その他の基金に対する使用者の寄付および最小限の広さの事務所の供与を除くものとする。
三　共済事業その他福利事業のみを目的とするもの。
四　主として政治運動又は社会運動を目的とするもの。

※2　ロックアウトとは締め出し、閉塞、閉鎖、排除などを表す英単語。転じて、設備や施設、敷地の立ち入りを制限し、本来それを利用して何らかの利益を得ようとする相手に対して譲歩なり、撤回なりを迫った要求を飲ませる交渉手段を指してこのように呼ぶ。労使関係において用いられる場合は、使用者が労働者の行う労務の提供を拒否すること、若しくは、そのため、施設の閉鎖等により労働者を仕事場から退かせること。これに対し、ストライキを行っている労働者たちが、そのストライキを維持し、または強化するために、労務を提供しようとする労働者や業務を遂行しようとする使用者側の者または出入庫をしようとする取引先に対し、見張り、呼びかけ、説得、実力阻止その他の働きかけを行う行動を「ピケ」（ピケッティング）という。

エピソード
2

郵便輸送合理化

昭和五三年一〇月に国鉄の大幅なダイヤ改正が行われ、それまで鉄道を主体としていた郵便輸送を自動車便に変えざるを得なくなりました。この時、全逓が使った戦術が「業務規制闘争」です。当時の国鉄の労使紛争に関して「順法闘争」という言葉を記憶されている方も多いのではないでしょうか。組合側は業務運営の規則やルールを厳格に守っているのだから「順法」と主張し、経営側は「組合側の指導内容は業務効率を低下させることが目的であり違法である」と追及することになります。

ただ、こうした「能率ダウン戦術」は後日、懲戒処分や訴訟といった事態となったとき、経営側が平時の業務の能率を把握していれば問題なく対応できます。しかもこの戦術は、お客様の目には「サボタージュ」としか映らないため、労使ともに批判を浴び地盤沈下するリスクが大きい。「業務規制闘争≒自殺行為」の戦術として封印しておくべきなのです。

私は、全逓のこの闘争により、全国でどのくらいの滞留郵便物（処理できずに、前工程以前に留まったままの郵便物。大きく分けて外務滞留と内務滞留が存在）が発生しているかを把握するため、一週間泊まり込んで毎日の状況をチェックしました。郵便局〜地方郵政局〜本省との間でのデータのやりとりを行うだけの単純な作業のように思うかもしれませんが、滞留物数の要因別分析（労組の闘争指示によるものか、それとも郵便の波動性によるものか等）を行い、事故・事件・特異態様があれば事実関係を押さえ、必要な対策について指示するので、それほど簡単な仕事ではありませんでした。滞留の原因を特定する作業一つをとっても、業務管理部門との連携が必須であるといったこのときの経験を踏まえると、郵便事業のように労働集約的な事業に携わる管理職は労務管理と業務管理を表裏一体としてとらえ、部下の成長を促していく姿勢を忘れないでいてほしいと思います。

当時の守住有信郵政省人事局長の名言に「郵便車というのは機関車の後ろにくっついて走っている」というのがあります。これは、機関車が走らなくなったら郵便車は走れない、じたばたしてもどうしようもない、という意味です。当たり前のことを言っただけのことなのですが、ややもすると、浮足立ちがちな現場を落ち着かせる効果は絶大でした。

かつては、「鉄道郵便」というものがありました。鉄道郵便車（※）に鉄道郵便局職員が

鉄道郵便車

未区分の郵便物と一緒に乗り込み、走る車両のなかで区分し、次の停車駅に到着するまでには、その近郊エリアの郵便物の区分を終え、降ろしていく。私がその後の人生でたまたま出会った「鉄郵」出身者の多くが時間観念に厳格で、かつ、鉄郵出身であることにプライドを抱いておられたことも、私自身がこの「走りながら区分する」方式に捨て難い魅力を感じる理由かもしれません。

およそ、世の中の「流れ」は、電気通信の分野で起きた飛躍的・革命的な技術の進歩により、今後、情報流と物流に二極化していくと考えられます。そのなかにあって、「手紙や葉書は情報流の世界でＤＸに取って代わられ、ゆうパックは、物流の世界で競合他社にシェアを奪われていく」との悲観論に毒されすぎのような気がします。叫ばれて久しいモーダルシフトがさらに拍車をかけて起きるのも、環境問題等がいよいよ深刻化するこれからかもしれませんし、物流の世界でも、引き受けから配達までヒトを全く介在させないオペレーションが確立するのも夢ではないような気がします。

近江鉄道郵便車内部（彦根車庫）

※　東京都国立市の中央郵政研修センターの管理棟庭先、石川県の「のと鉄道・能登中島駅」に「鉄道郵便車」が保存されているので、是非足を延ばしてみてください。

昭和五三年末反マル生年賀状越年闘争

「マル生」とは「生産性向上運動」のことです。昭和四〇年代に国鉄では「生産性向上運動」を経営改革の手法として導入し、生産性を評価する各種指標を導入しました。当初は効果を上げたとされていますが、複数の組合が存在する国鉄の労使関係において、不当労働行為に該当する事例が多発しているとの批判が一部の組合から出され、その動きが「反マル生」として結実し、ついには、国鉄経営側が陳謝と撤回に追い込まれました。国鉄労使における「反マル生」闘争は、その過程で死者も出るなど、我が国労働運動史において不幸な出来事です。

全逓は、郵政事業においても差別的なマル生運動が行われているとして、「反マル生」を掲げ、年賀状を「人質」に取り、労務政策の変更を求めました。これが昭和五三年末の反マル生年賀状越年闘争です。

反マル生年賀状越年闘争の渦中、私は二週間分の着替えを持参して泊まり込みに入りました。ところが二週間分では足りず、それを何とかやりくりして三週間までもたせましたが、「闘争」の終わりはみえません。そこで年が明けた昭和五四年の元旦、一旦、コインランドリーで洗濯し、改めて、二週間分の着替えを持参して登庁、泊まり込みの二巡目に入りました。結果として、私は計四〇日間連続で泊り込んだわけですが、この連続の泊まり込み日数の記録はおそらくいまだに破られていないのではないでしょうか。

昭和五四年一月四日、経営側は国民にこれ以上の迷惑をかけられないと判断し、公労委への仲裁裁定申請を決断しました。奇しくも、全逓側も同じように公労委に仲裁裁定を申し込もうと準備をしていました。その結果、タッチの差で全逓側が先に申請を提出しました。この決着に関し、メディアから勝敗を問われることがあります。先に公労委へ持ち込んだほうが負けというなら、全逓の完敗・経営側の完勝。しかし、その差は「タッチの差」。青信号になるタイミングが一つずれていたら、勝敗は逆転していたかもしれません。そしてもう一つ、経営側が全逓と争っている最中も正常な業務運行の確保に邁進してくれた全郵政の存在なかりせば、この結果でさえ覚束なかったかもしれないということを忘れてはならないと思います。

その後も、労使で乗り越えなければならない大きな課題はたくさんありましたが、昭和五三年末の反マル生年賀状越年闘争を超えるような大きな労使紛争は回避されてきています。その意味では、私は郵政労使最後の大闘争の生き証人となるのかもしれません。

年賀状の発行枚数はこの闘争から二〇年間は増え続けました。しかし、その後は坂道を転げ落ちるように減り続けています。メールやSNSの浸透といった環境変化はありましたが、お客様を無視しコップのなかだけの争いに終始すると、年賀状という国民生活に最もなじみの深い通信手段でさえも、右肩下がりで減少し、気がついたときには、もはや反転させることは難しい状況にまで追い込まれてしまうということを肝に銘じておきたいものです。

エピソード
4

大闘争第二ラウンド、国会論戦に場を変えて

反マル生年賀状越年闘争は国会論戦へとその舞台を変えました。連日深夜に及ぶ国会対応。公労委への仲裁裁定申請をもって一旦落着したはずの闘争でしたが今度は衆参逓信委員会を中心に国会審議という形で第二ラウンドに突入しました。全逓側の主張する「不当労働行為にあたるとする労務政策」の事例について、野党議員が質問の形で国会で追及し、それに対する事実関係や経営側の対処方針等について白浜仁吉郵政大臣、守住有信郵政省人事局長らが答弁に立ちました。質問の通告が深夜に及び、それから事実関係を調べて大臣等へレクするのは深夜か翌日の早朝。それが毎日続く大変な作業でした。

そのときに威力を発揮したのがFAXです。FAXは今でこそ情報通信機器のなかでオールドメディアに位置していますが、当時は最先端を行く機器でした。一三地方郵政局と労務管理を指導するその出先機関（労務連絡官、現在の労働関係調整役（※））などトータル八〇

拠点程度にＦＡＸを配備し、本省とのネットワークを構築。当時最新鋭の通信環境を整備し、各拠点で調べた事実関係を全て本省へ上げるという体制を敷きました。この仕組みがなければ、情報量に圧倒的な差があるなかでの答弁を強いられ、大臣や局長が国会の場で頭を下げる場面が頻発したかもしれません。時代の最先端をいく情報通信手段の威力を肌で感じ凄いと思えた経験でした。それまでの音声によるコミュニケーション（電話）に文字及び画像を加えたコミュニケーションの全国ネットワーク化をあの時代にすでに構築し、その威力を実際に示したことは、情報通信行政を推進するうえにおいても「先見の明」のある取組みだったと言えるかもしれません。

ＦＡＸの威力を借りながらも、国会審議は延々と続きました。そして、昭和五四年四月二八日、服務規律違反者等に対する懲戒処分等が発表されることとなりました。

【昭和五四年四月二八日　発表内容】
解雇三名（公共企業体労働関係法第一七条▼第一八条関係）
懲戒免職五八名、停職二八六名、減給一四五七名（以上、懲戒処分）、戒告二四二五名
総計　三二二九名

◆参考：公共企業等労働関係調整法（抄）

第一七条　職員及びその組合は、同盟罷業、怠業、その他業務の正常な運営を阻害する一切の行為をすることができない。又職員は、このような禁止された行為を共謀し、そそのかし、若しくは煽ってはならない。

②　公共企業体は、作業所閉鎖をしてはならない。

第一八条　前条の規定に違反する行為をした職員は、この法律によって有する一切の権利を失い、且つ、解雇されるものとする。

【その後の経緯】

・懲戒免職五八名中四五名が処分取消を求めて提訴（昭和六一年八月）。

・その後、当該提訴を取り下げる原告が相次ぎ、最終的に残った原告は七名。

・当該七名の原告について、平成一六年六月三〇日東京高裁は、懲戒免職処分の無効及び取消の判決を言い渡す。これが確定したのは、最高裁が日本郵政公社の上告を受理しないことを決定した平成一九年二月一三日である。

※　ローレン、ローレン、ローレン！　ローレン、ローレン、ローレン、ローホ〜！　ヤーッ！
……とは、昭和の時代、大人気を博したテレビ西部劇「ローハイド」のテーマ曲だが、この曲を聴いて自身を鼓舞したのが「労務連絡官」略して「労連」であり、労務と業務と人事の三拍子のそろった人材が配置された。

エピソード 5

四〇日間泊まり込みのその後

労使の大闘争の舞台が国会論戦に変わった後は、深夜まで残業がある場合でも、職員の健康管理上、泊まり込みは禁止、深夜まで残業しても退庁せよというお触れが出ていました。しかし、役所を出るのは連日、深夜二時。その頃私は、三鷹市下連雀の独身官舎に住んでいたのでタクシーを使えば三〇〇〇円程度かかりました。カプセルホテルなどはほとんどなかった時代です。当然、幹部には支給されていたタクシー券も一般職員には出ません。「このままでは、給料がタクシー代に消えてしまう」と危機感を抱いた私はこう考えました。「合気道部の合宿で何度も泊ったこともある「七徳堂」（東京大学の本郷キャンパスにある武道場）で寝泊まりしよう。吹きっさらしでこの時期は寒いが、シャワーくらいは使えるはず。何と言っても職場からのタクシー代も一〇〇〇円程度で済む。よし、決めた！　今度は、二週間分じゃなくて、シュラフと一か月分の泊まり込みの用意をして臨もう」。

七徳堂北側

（出所）『日本武道の理念と事理』（東洋出版、2017年）

実は藤森さんから武道の世界の話としてお聞きした、「人間の体は、二五歳の誕生日の朝飯を食べるまで成長する」という教えが前々から気になっていました（※）。私は二三歳で入省し、二四歳の誕生日の直後に三万人集会に巻き込まれ、その頃は反マル生年賀状越年闘争第二ラウンド真っ最中。六月に迫っていた二五歳の誕生日の朝飯まで、あと四か月程度しか残っていないという時期で、正直、焦っていました。それだけに道場に、ベンチ、バーベル、サンドバッグ、鉄下駄、八角棒、杖、鉄棒、巻藁、等々、鍛練用の補助具がそろっていたことは魅力的で、そこに寝泊まりするという無謀な決断を後押しした最大の要因とな

七徳堂内部全貌
〜手前が柔道（畳敷）、奥が板の間（空手・剣道など）、道場左手奥にヘビー級用サンドバッグがある

（出所）『日本武道の理念と事理』（東洋出版、2017年）

りました。

季節は、一月下旬から二月下旬。案の定、吹きさらしで寒い。一人稽古は深夜二時過ぎから四時過ぎまで二時間以上に及びました。朝は、何事もなかったように電車通勤。短い睡眠時間をさらに削って、深夜のトレーニング。二五歳の誕生日（六月一四日）まで残りわずか。その頃の私の稽古には鬼気迫るものがあり、「近寄り難かった」そうです。相手の繰り出す打突がスローモーションのように見えたのもこの頃でした。

※「人間五〇年、下天の内をくらぶれば、夢幻の如くなり」と謡い舞ったのは織田信長ですが、武士の時代から人

間の寿命は長くても五〇年と言われていたことと整合するような気がします。平均寿命の二分の一が肉体のピークだとすると、日本人の平均寿命は八四歳ですから、その折り返しの四二歳の誕生日まで人間の体は成長すると読み替えることができるのかもしれません。現に私がベンチプレスの自己記録（一三〇kg）を更新したのも四三歳から四四歳にかけてでした。

酒にまつわるエピソード 1

列車に乗ったらお酒を飲むものだと思い込んでいる先輩たち

昭和五三年の年末年始業務運行確保対策のため、全国の労務連絡官を東西二か所に分けた会議が開催されました。東日本会場に向かう寝台特急のなかで、先輩方が缶ビールを飲み始め深夜になっても終わりません。仕事の話をしているので、最初のうちは「郵政省の先輩は仕事熱心な人ばかりだなあ」と感心していましたが、そのうちだんだん声が大きくなっていきます。いい歳をした社会人が、夜中までビールを飲みながら大声で話をしてほかのお客様に迷惑をかけ平然としていていいのか。隣のボックスの小さなお子様連れのお母様からは「眠れないから静かにしてください」との苦情も出ているのに――。当時の私は入省一年目でしたがそのまま見て見ぬふりをするわけにもいかず、先輩方に苦言を呈し、後始末をしていただくこととしました。その後の私をご存じの方からするとにわかには信じてもらえないかもしれませんが、この頃の私は、列車に乗ったら酒を飲むのが習慣になっているような先輩方とは一線を画したいと考えていたようなのですが……。

酒にまつわるエピソード 2

ジャンボジョッキに挑発された無謀なチャレンジ

暑い夏の日のことでした。仕事帰りに新橋方面へ歩いて帰る途中、ライオンビアホールの前を通りかかったときのことです。先輩が、ショーウインドーのなかに超巨大ジョッキを発見し、指さしながら、私に「あれで飲めるか?」と挑発してきましたので、「飲めないこともないでしょう」と返答。

店内に入り、「あれで飲みたい」(私)、「あれは飾り物です」(店員さん)、「それでもいいから飲みたい。店長さんに頼んでくれませんか?」(私)と懇願。しばらく時間はかかりましたが、店長さんはショーウインドーに飾ってあった巨大なジョッキを洗って、「これですか? これでいいですね」と気持ちよくもって来てくれました。実際に間近にしてみると、思ったよりはるかにでかい。「満タンでお願いします」(私)。その数分後、並々とビールが注がれた超巨大ジョッキが私の目の前に。そのジョッキのビールの色は普通よりもはるかに濃く、ビールの向こう側は「闇の世界」といった表現がぴったり当てはまる感じでした。

とても片手でもてない重量です。明らかに私の胴体(当時胸囲一一〇cm)よりでかい。隣のテーブルのOLのグループが「あの人、バカじゃないの? あんな大きなもの飲めるわけがないよ」と囁くのが聞こえます。それを聞いて一層奮起。ライオンの店員さんも「お客さん、本当に飲むんですか?」とあきれた表情です。

これだけ周囲の注目を集めておいて逃げるわけにはいきません。覚悟を決めて、一気に飲み始めます。自分でも本当によく飲めたものだと思いますが、三〇分くらいかけて飲み干しました。そばのテーブルのお客さんはすでに驚きの表情ですが、これで止めるのはもったいなさすぎます。他のお客さんの度肝を抜くため、続いて、普通の大ジョッキで三杯、黒ビールの中ジョッキ二杯、日本酒二合徳利二本でダメ押し。それでも電車で無事帰宅しました。

ただし、翌日、お腹を壊して午前半休。そのときの教訓は、冷たい飲料を大量に飲むときの「肴」「あて」「つまみ」は、冷奴ではなく湯豆腐にする等、体を冷やさないように心がけるべきということ。私自身は、こうした限界に挑むような体験は若いときでなければできないことであり、かつ一生モノの教訓を得たわけですからこの授業料は決して高くなかったと思っていますが、読者の皆さんの賛同は得られないかもしれませんね。

事後検証

その超巨大ジョッキの大きさを正確に知りたかったので、令和五年三月一四日に銀座ライオンの広報部を往訪し、質問してみました。

私　「超巨大ジョッキのお代は三八〇〇円程度だったように記憶しています」

ライオン広報部　「お申し越しの超巨大ジョッキは、ライオンのどこのお店でも商品としたことはありません。おそらく、新橋店の当時の店長が自分の趣味で個別購入したものをお店のショーウインドーに飾っていたものと思われます。したがって、超巨大ジョッキに関する記録はないのですが、ピッチャーの量は当時も今も一リットル、今の大ジョッキは七〇〇～八〇〇㏄のところが多いのですが、当時は九〇〇～一〇〇〇㏄だったことやお客様の胴体より大きかったこと、片手でもてない重さだったこと、値段が三八〇〇円だったことなどを考えあわせると、超巨大ジョッキ一杯の量はおよそ五リットルくらいだったと思われます」

〈結論〉　超巨大ジョッキの量が五リットルだったとすると、その日の酒量は約一〇リットル。やはり「この人バカじゃないのか」ということになりますね。

酒にまつわるエピソード 3

松葉杖姿での出張先からの帰京

冬場、名古屋に出張しました。仕事は所期の目的を達成しホッと一息。同僚とアルコールメーターが過ぎてしまい「じゃあ失礼します」と言って振り返った瞬間、一五㎝ほどの段差を踏み外して右足首を捻挫。その後、名古屋の姉夫婦の所に何とか辿り着き、不覚にも、温めてはいけないのに炬燵に入って温め過ぎてしまいました。右足首の腫れがひどくなり深夜の救急病院へ連れて行ってもらうと、右足首固定のため、ギプスをはめられ、月曜日に松葉杖で郵政本省へ登庁する羽目に。上司は心配してくれたようですが、本人には「末席のあいつはどうしたんだ？　酒が過ぎるのではないか？　クビにしたほうがいいんじゃないか」と詰められているように聞こえ、肩身の狭い思いをしたものです。

この三つのエピソードを思い返すと、入省直後は正義感が強く、また「酒は飲んでも飲まれるな」を信条としていたはずなのに、短期間のうちに「飲まれる側」に移っていってしまったことがよくわかります。これに冒頭の藤森氏の三つの項目、あるいは和歌を重ね合わせると、ただの酒好きのあんちゃんじゃねえかと軽蔑したくなるかもしれないですね（笑）。

エピソード
6

今度は史上最速で妥結した年末交渉

史上初の年賀状取扱ボイコットという事態になった昭和五三年末の闘争の反省を踏まえ、翌昭和五四年末の交渉は史上最速で妥結しました。中央交渉妥結の日になぞらえて「一〇・二八確認」と呼んでいましたが、私は郵政の労使紛争の長い歴史のなかで、両極端な状況を二年間のうちに経験したわけです。労務管理のプロを目指しているような方から見ると羨ましいことこの上ないかもしれません。そこで、Q&A形式でもう少し詳しく解説させていただきます。

Q 反マル生年賀状越年闘争は約二年間に及びましたが、一年目と二年目とをそれぞれどのように総括されますか?

A 一年目と二年目はイメージも実質も全く違います。一年目は労働条件の改善を内容とする要求に加え「労務政策の変更」という筋張った要求を全逓が出してきたわけです。当然、経営側は受け入れられるものと受け入れられないものとに峻別し、順次整理をしていきましたが、最後まで残った「筋もの」については平行線とならざるを得ませんでした。平行線になることがわかっているなら、理屈で議論を戦わせるよりも、実態というか事実関係まで遡り「現場ではこんな問題が起きている。経営側の言うことは事実と乖離している」として「事実関係の検証・確認」を前面に出して攻めたほうが効果的であると考えるのは自然な流れでしょう。それが、かつて「権利の全逓」と呼ばれた全逓が得意とした「点検摘発」と呼ばれる戦術です。その意味で、一年目は点検摘発主体、二年目はその反省を踏まえ、交渉主体になったといえます。

Q　労務の経験者のほとんどは「点検摘発」を毛嫌いしますが、「真実は一つ」である以上、事実関係の検証・確認を重視することは当然なのではないでしょうか？

A　労使間には、裁判のように、白黒決着をつけなければならない問題から、お客様サービス向上に向けてお互いが協調してパートナーシップを発揮しなければならない問題まで幅広い事情が存在します。労使関係を「きょうそう」という言葉にかけて説明すれば「競い争う＝競争」ではなく、同じゴールに向かって「競い走る＝競走」、さらに、お客様への魅力的なサービスを「共に創る＝共創」という観点でのコミュニケーションの充実とルールづくりが必要です。訴訟戦略上「点検摘発」という手段が必要だとしても、所詮、労使は運命共同体であるという基本的な認識の上に立って自制的な運用を心がけていくべきです。

Q　経営側にも色々なタイプの交渉委員がいたと思いますが、印象に残っているのはどのようなタイプの方ですか?

A　交渉委員として出席すると決まって決裂するというようなジンクスをお持ちの方もいらっしゃいましたが、その時々の労使の懸案事項とご本人の所掌如何によって、妥結の可否はほぼ決まってしまうと申し上げたほうが正確だろうと思われます。ただ、交渉の場面を思い出しながらあえてコメントすれば、「過ぎたるは及ばざるが如し」という言葉がありますが、「過ぎたるは及ばざるより悪し」ということです。「及ばざる」場合は丁寧に追加説明すればリカバリーできますが、「過ぎたる」場合は揚げ足を取られてそれまで押し気味に進めていた交渉を根っこから一気に逆転されてしまうといった場面を何度も見てきました。これが、後輩の皆さんに対する私なりのアドバイスです。

エピソード

7

外務省経済協力局（現国際協力局）へ出向

誰に聞いても、外務省という役所は私のイメージと程遠いといいます。本人は、語学を除けば、日本人らしさを知ってもらうには最高の人材ではないかと自分を売り込むのですが、残念ながら賛同者は少ないようです。

出向先である外務省での仕事は、いわゆるＯＤＡ（Official Development Assistance（政府開発援助））関係でした。ＯＤＡは「資金協力」「技術協力」等に分類されます。「資金協力」には「無償資金協力」と「有償資金協力（いわゆる「円借款」）」、「技術協力」には「専門家派遣」と「研修生受け入れ」があり、更に、これらと機材供与を複合的に組み合わせた「プロジェクトタイプ技術協力」があります。その他に「青年海外協力隊」や「ＮＧＯ（Non Governmental Organization（非政府組織））」を通じた草の根支援も含まれます。私はアジア地域及び国際機関への専門家派遣を担当しました。

外務省本省（東京・霞が関）

ＯＤＡは原則としてリクエストベースで進められます。経済協力に関する各国からの要望は、在外日本大使館を通じて全て外務本省へ集められ、外務省は、国際協力事業団（ＪＩＣＡ）と当時の海外経済協力基金（ＯＥＣＦ）等と整理のうえ、国内の関係省庁につなぎます。例えば、稲作の専門家派遣であれば、相手国からの要望内容を精査のうえ、「農業灌漑の専門家と害虫駆除の専門家を派遣してほしい」というリクエストを農林水産省へつなぐわけです。

ＯＤＡについてもＱ＆Ａ形式でもう少し詳しく解説します。

Q　ＯＤＡはなぜリクエストベースにするのでしょうか。リクエストベースの意図は何でしょうか。

図表7－1　日本の政府開発援助（ODA）

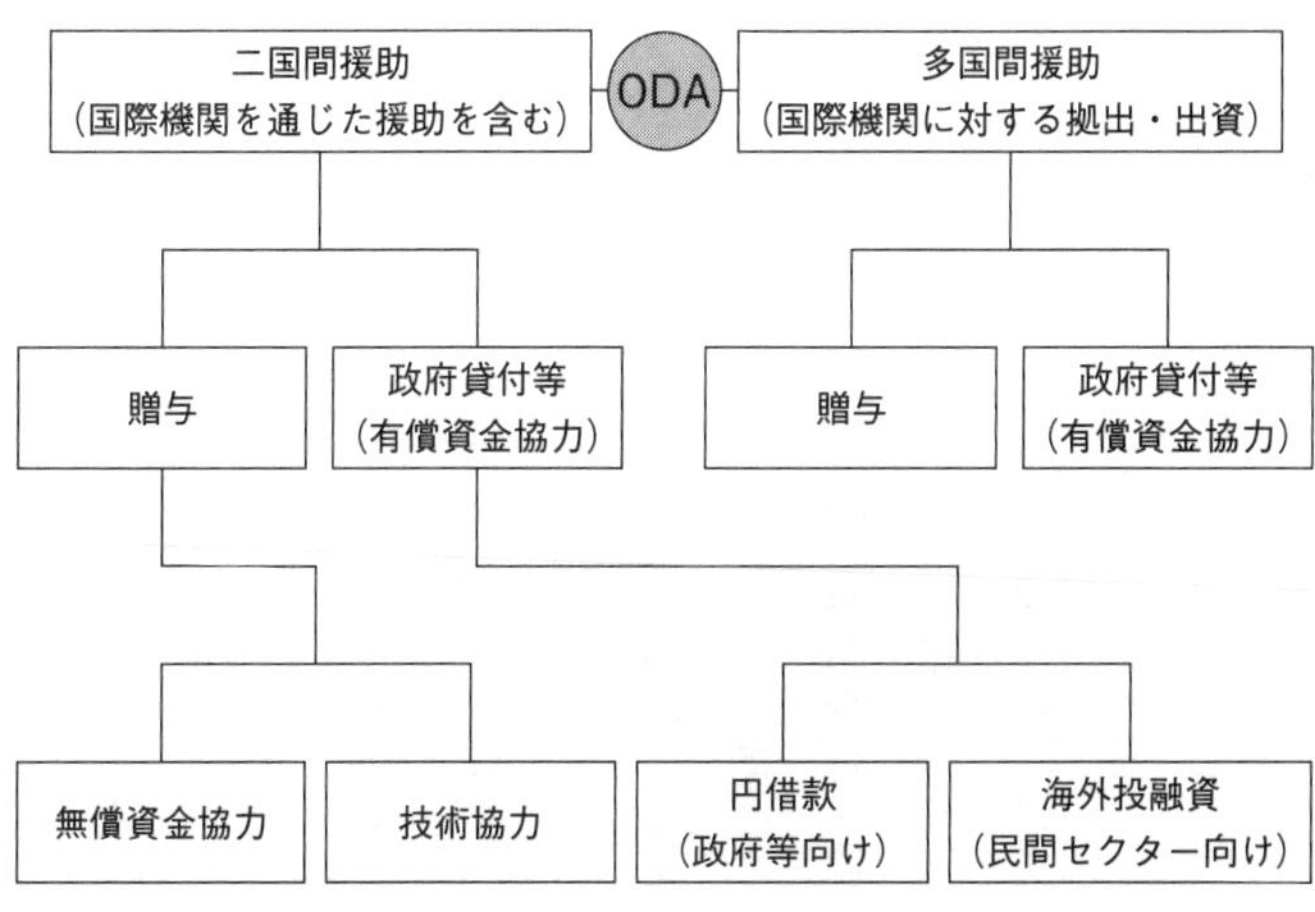

（出所）「2022年版　開発協力白書　日本の国際協力」（外務省）。
図表7－2も同じ。

A　相手国のプロジェクト自体も競合しています。色々な省庁から「俺のところのプロジェクトを優先してくれ」という要望が届くわけです。それら要望の優先順位を日本側が判断すると日本側の価値観を押し付けるようなことにもなりかねません。「相手国のニーズは相手国側に判断してもらい、その優先順位を尊重する」とし、せっかくの援助が日本側の押し付けにならないようリクエストベースを大事にしているのです。

かつて、日本ではコンピューターの所管を巡って通産省と郵政省が激しく争っていた時期がありました。そういうときに途上国から「コンピューターの専門家を派遣してほしい」というリクエストが来た場合「私のところにやらせろ」「いや、俺のとこにやらせろ」という声が色々な省庁から出てきます。そういった調整が厄介なケースでは関係省庁を集めて会議を行い、それぞれから意見をヒアリングし、相手国のニーズにより合ったほうを選ぶ、あるいは交替で派遣するといった妥協案をまとめたりします。相手国内の事情や日本側の事情といった利害関係が絡み合っていればいるほど、リクエストベースで組み立てておいたほうが安心です。

Q 貧富の差は国内にも残っています。海外へお金を振り向けるよりも、国内

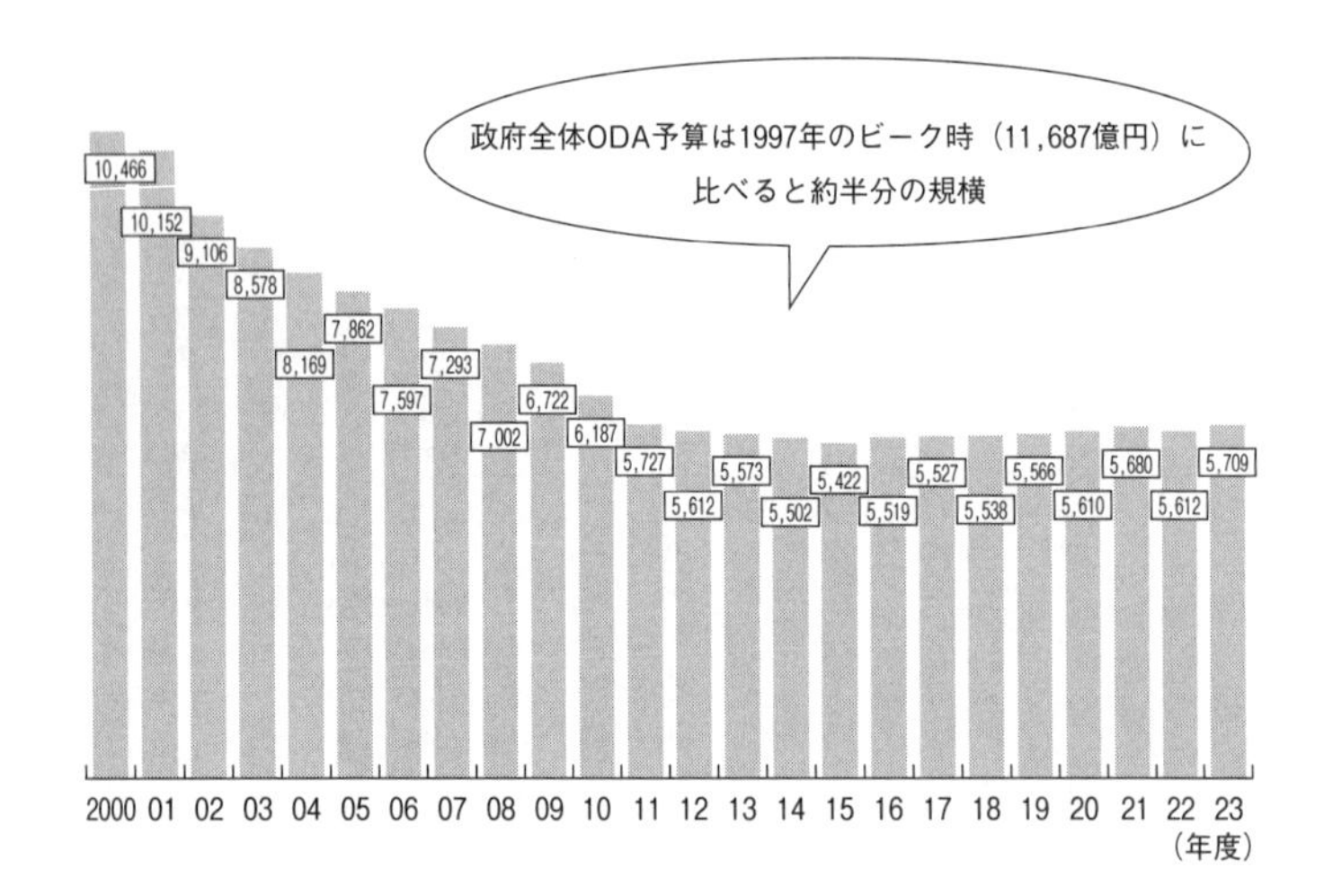

の問題を解決することに使ったほうがいいのではないでしょうか。

A　日本国内にも貧困問題があるのは事実です。しかし、開発途上国の貧困問題は日本では考えられないほど厳しく、多くの人たちが劣悪な環境下での生活を強いられています。モノやカネを援助するだけでは劣悪な環境はなかなか改善されません。独り立ちするための技術を開発途上国に移転する「技術移転（Technology Transfer）」が重要です。開発途上国の人々の生活水準が一〇年後、二〇年後、五〇年後、一〇〇年後に改善されていくような支援を行っていくことは非常に意義のあ

図表7－2　政府全体ODA予算（一般会計当初予算）の推移

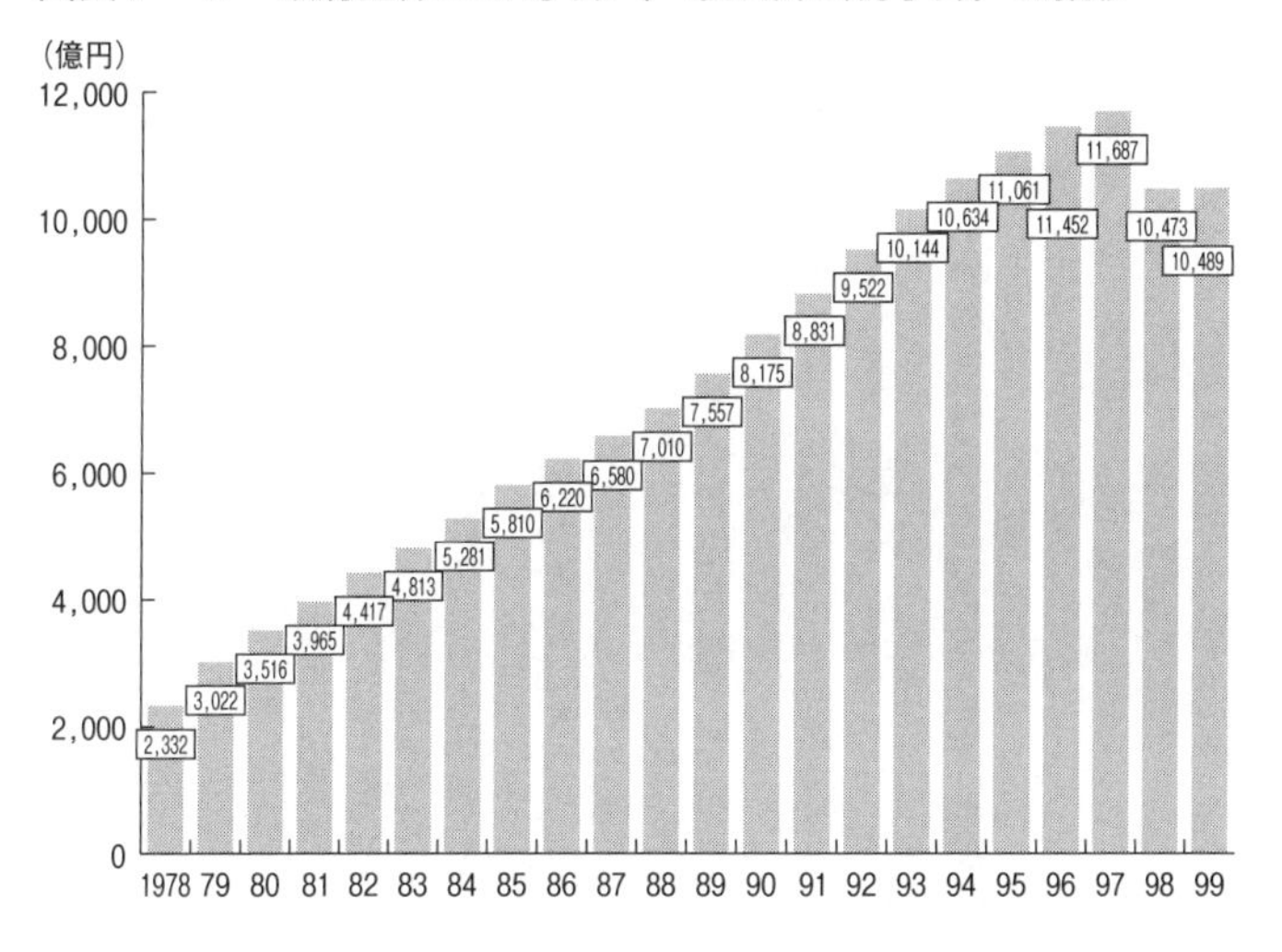

ることです。

Q 人道援助といっても、体制維持に利用されている業者等が受注しており、結局は日本企業に対する支援効果のほうが大きいのではないでしょうか。

A 資金協力を行った際に一番注意をしなければならないのは、相手国の体制の上層部に資金が滞留してしまい、生活に困窮するなどその資金を本当に必要としている人にまで回らず、結果として国民の生活水準の向上につながらないことです。これでは本末転倒です。したがって、資金の使途や使われる仕組みが国民生活の安定や向上につながるかどうかを一つの判断基準にしていることが我が国のＯＤＡの特徴です。

また、日本企業との結びつき、いわゆるひも付き援助のアンタイド化も図っています。具体的には、草の根援助等の際はＮＧＯを通じるなどし、庶民レベルの交流が行われるよう注力しています。援助受入国に対する配慮の強化が最近の特徴であり、現在、ほとんどの案件が特別な理由のない限りアンタイド化され、「日本の企業でなくても入札は参加可能」とオープンになっています。

エピソード
8

初めての海外出張

私は就職するまで海外へ行ったことがありませんでした。英語は受験英語はやりましたが、会話は全く未経験。郵政省に入省した直後の研修期間中に、短期間、英会話学校に通うカリキュラムがありましたが、自らの才能のなさを痛感する苦痛の日々でした。そんな私が、二年間でマレーシア、ネパール、タイ、イタリア、ソマリア、スーダン、ケニア、エジプト、モロッコと観光旅行では行けないような国も回り、それなりに、ミッションを果たすことができたことは、「神のお導き」というか「インシャラー（※）」というべきでしょうか。

※　インシャラーはアラビア語で「神の思し召しのままに」とか「神のみぞ知る」というような意味で使われる場合が多い。

当時の思い出を辿りながら、プロジェクトをいくつか紹介します。なお、ここで登場する各国事情は四〇年ほど前の私の体験によるものであり、現状について申し上げているものではありません。現在どのようなレベルにあるかは自分自身の目で見、耳で聞き、鼻で嗅ぎ、肌で感じて、判断してほしいと思います。

マレーシアでは、ボルネオ島の「ビンツール港湾整備プロジェクト」にかかわりました。これは液化天然ガス（ＬＮＧ）をビンツール港から運び出すための港湾整備事業で、港湾の専門家を派遣しました。そのビンツールで見た夜空の満天の星の美しさと、ホテルの街灯に勢い余って衝突して落ちてきた蝉の大きかったことは今でも瞼にはっきりと焼き付いています。地球環境保全やロシアによるウクライナへの軍事侵攻の影響により、ＬＮＧは近年ますます重要性を増していますが、今から四〇年以上も前に、積出港の整備という形で力を入れていた日本のＯＤＡの先見の明を誇りに思っています。

マレーシア　ジョホール・バル
（スルタン・アブ・バカール・モスク）

（出所）　高橋和彦（郵政省OB）画

ネパールでは果樹栽培の専門家が活躍していました。早朝のカトマンズ市内を走ると、路地裏の建物の陰から立ち上がる男性を時たま見かけます。家のなかにもトイレはあるのですが、溜まらないようにするためらしい。気候は乾燥しており、粉塵化しやすい。花は綺麗。大輪の菊の花をよく見かけました。日本のルーツはネパールにあるのではないかと思うぐらいの植物の類似性を感じながら帰国。ここまでが、第一回目の出張でした。

タイ アユタヤ

（出所） 高橋和彦（郵政省OB）画

第二回目の出張は、アジアからアフリカを回るハードスケジュールでした。まず、タイにある国際機関「ＳＥＡＦＤＥＣ」（東南アジア漁業開発センター。東南アジア地域における漁業と水産養殖の持続可能性の追求を目的として、一九六七年（昭和四二年）にタイ・シンガポール・日本の三か国で設立された地域協力国際機関。その後、順次加盟国数が増え、現在カンボジア、インドネシア、日本、ラオス、マレーシア、ミャンマー、フィリピン、シンガポール、タイ、ベトナム、ブルネイの一一か国に達している）へ。当時、すでにエビの養殖などで成果が出始めていたと記憶しています。その後、ウナギの養殖などの研究にも力を入れているようです。日本からの専門家派遣は現在も継続しています。

ＳＥＡＦＤＥＣ（タイ）の次は、いよいよアフリカ大陸でした。ソマリア、スーダン、ケニア、エジプト、モロッコと外務省プロパーの方でも、なかなか行かない国々であり、また、行きたがらない国々でした。ソマリアに行くためにイタリアのローマで半日程度のトランジット。それはそのときの出張の楽しみの一つでした。青年海外協力隊の元事務局長で駐イタリア日本大使館幹部の方から、「ローマでスパゲッティの一番おいしいお店」を案内していただき、ボンゴレスパゲッティをご馳走になりました。そのスパゲッティのおいしかったこと。それまで、スパゲッティも貝類も好きではなかった私ですが、それ以来、店頭のショーウインドーにボンゴレスパゲッティを見つけては、注文するようになりました。

そして、覚悟のソマリア入り。ソマリアを含め、東アフリカでは飢餓、部族間紛争による難民問題が深刻化していた時期であり、まずは飢餓から救おうと、漁業及び魚肉ソーセージ製造の日本人専門家三人を派遣していました。魚を獲る習慣が定着していないソマリアの人たちに漁業の技術を教える難しさ。特に鮫のいる海に入ることの怖さを克服しながらの技術指導は、大変だったと思われます。

★以下、ソマリア、スーダンに関する記述の一部に過激な表現がありますので、ご気分が悪くならないように、飛ばすか、気をつけてお読みください。

我々がソマリア入りした当日、日本人の専門家の一人が、丼にマグロの刺身を用意してくれました。ごちそうです。ただ、丼に盛ってあったマグロの色が普段よりも黒っぽい。近づいてよく見ると、無数のハエが止まっているのです。それを承知のうえで専門家の方は私にどうぞと勧めてくれている。振り払っても振り払っても払い切れないので、諦めてハエごと口のなかへ入れると、口を閉じる直前に口のなかからハエが飛んで逃げていく、そんな状況でした。

出張時はランニングシューズを持参し、ほとんどの国を走破しました。迷子になりかけて飛行機の時間に間に合わなそうになったり、一歩間違えばライオンに襲われていたかもしれなかったり、運のよさだけでしのいできたところもありました。

ソマリア首都、モガディシュのメインストリートも走りました。中学生くらいの少年が私に手を振りながら、「Japón」と言いつつ、かつ、親愛の情にあふれる笑顔を投げかけながら、追いかけてきました。アフリカ大陸の開発途上国では旧宗主国に対する不信感が燻っている場合が多かったのですが、日本のODAは、過去の歴史を引きずっておらず、かつ、その純粋さゆえに、期待は大きいものがありました。

ソマリアの次はスーダン。ドラム缶一本分の燃料をジープに積み、約一日サハラ砂漠を西に移動。砂漠走行時には注意すべきことがいくつかありました。まず一点目。砂漠は一見平坦のように思いますが、実際は上下にものすごく揺れます。ジープの天井で頭を打ち、首を痛める人が多いので、ヘルメットを被りかつ車内でどこかに掴まり気を抜かないようにしなければなりません。二点目。燃料は必ず多めに持参すべきです。砂漠の途中で燃料切れになった時点でもはやアウト、命があるうちに助けに来てくれれば、運がよい。三点目。パンクに備えて、スペアタイヤを最低一つ以上積むこと。できれば二つ。現に、我々の移動では往路と復路でタイヤは一本ずつパンクしました。

スーダン稲作プロジェクトの実験農場は一年目、二年目は失敗でした。原因は塩害です。水を張れば地下からどんどん塩が上がってきました。塩水では米はつくれず、塩抜き作業に追われることになります。私が赴いたのは三年目。塩をこれでもかと抜いた頃だったので、順調に生育しました。砂漠における稲作の三大課題は、塩抜き、害虫対策、害鳥対策でした。

個人的にゾクッとしたのは、スーダン稲作プロジェクトのトイレを借りたときのことです。男性用トイレの前に立ち、小用を足そうとすると前方に茶色の何かが動いています。足元に視線を向けると無数のアブラムシが今にも靴に這い上がって来そうな勢いで蠢いています！　足踏みしながら、必死で、それらをふるいおとしつつ用を足しましたが、あの気持ちの悪さは忘れられません。

ソマリア、スーダンにおけるプロジェクトのその後についてＪＩＣＡホームページ等で調べたところ、プロジェクトそのものの成否は把握できませんでしたが、名称等を変更して、何らかの形で今日まで協力関係は持続していることが確認できました。関係者の熱い情熱とご尽力に敬意を表します。

エピソード 9

労働組合交渉と相通じるＯＤＡの仕事

ここまでお読みいただいた読者の方はすでにお気づきかもしれませんが、入省してから四年間で労務管理を二年間、ＯＤＡを二年間経験しました。いずれも相手から出されるリクエストを優先順位やこちらのキャパシティ等を踏まえてできるものとできないものに交通整理をすることが仕事だったといえます。

労使交渉とＯＤＡとでは、やりとりする相手や規模は全く違いますが、こちらのキャパシティの範囲内で相手側の優先順位を尊重しながら、どうやって相手側の満足度を高めるかという点は同じです。

エピソード
10
対中国資金協力案件の実現

外務省への出向後は、郵政省大臣官房国際協力課へ係長で戻りました。ここでの仕事もＯＤＡの一部を構成するものでしたが、外務省では全省庁が抱える全分野を担当していたのに対し、国際協力課では郵政省が所掌する通信・放送・郵便の資金・技術協力を担当し、間口こそ狭いのですが、深掘りをすることが求められました。二年間の外務省出向経験が活きたこと、かつ、ＯＤＡの関係者との人間関係もできていたので、私のことを郵政省の係長だと思わず、ＯＤＡ担当の仲間の一人という認識で情報を共有してくれた他省庁の方もたくさんいました。

その頃、郵政省の先輩である稲村公望さんが駐タイ日本大使館の一等書記官に、鈴木康雄さんが駐インドネシア日本大使館の一等書記官にそれぞれ着任されており、北京の駐中国日本大使館の一等書記官は鍋倉眞一さんから加藤幸夫さんにバトンタッチされました。

当時実現した「対中国資金協力案件」は特筆に値すると思っています。一九八〇年（昭和五五年）五月に締結された「日中科学技術協力協定」を受けて、中国側から多種多様な分野での協力要請が提出されましたが、我が国ＯＤＡにおけるリクエストベースという考え方に対する理解が不十分だったこともあり、自薦他薦含めて項目が錯綜し、優先順位の整理が混乱しかけていました。そこに私が国際協力機構（ＪＩＣＡ）とともに電電公社、国際電電、ＮＨＫを連れて、プロジェクトファインディングミッション（要請背景調査）団長として訪中。日本のプロ

中国 八達嶺長城

（出所） 高橋和彦（郵政省OB）画

ジェクトの資金協力・技術協力について丁寧に説明し、中国国内でのプライオリティさえ高くなれば、日本国内では間違いなく採択できる体制になっていることを明確に伝えました。その結果、中国からハイプライオリティで、「北京郵電訓練センター（無償資金協力四〇億

円）」と、「北京・上海・天津電話網拡充プロジェクト（円借款二〇〇億円）」の要請書が提出されました。「対中国資金協力案件」の実現が、その後の中国における電気通信の発展の礎になったのは、皆さんご承知のとおりです。

調査団の団長として北京を訪問したときの街中の風景は人民服一色でした。ＪＩＣＡから同行した女性団員はスカートをはいていたため、「男女問わず、道行く北京市民の視線が足元に集中してくるのには参った」と漏らしていました。また、北京から上海へ向かう機中で、先方案内役として北京から同行した女性団員が人民服の上衣を脱ぎ始めました。少し驚いて見守っていると、人民服からピンクとイエローの色艶やかなブラウス姿に変身。後刻、なぜ、人民服を脱いだのか尋ねてみたところ、「そりゃあ、女性ですもの、綺麗なものを着るほうがいいですよ」との実にあっけらかんとした回答。上海と北京とのこの文化的格差は時間にしてどれくらいあるのだろうか。中国の変貌は意外に早いのかもしれないと予感したものでした。

市制施行三〇年の福岡・大川で三〇歳の郵便局長が誕生

最初の団交で自分イズム確立

福岡県大川市は家具の町。大川の家具といえば、タンス等のいわゆる「箱もの家具」が有名でしたが、最近はマンションの作り付け家具に押され、厳しい冬の時代が続いています。また、古賀メロディで有名な古賀政男氏、演歌歌手の大川栄策氏生誕の地でもあります。

筑後川やそれが注ぐ有明海は一次産業の苗床としての潜在能力はもちろんのこと、おいしいウナギや大川近辺の筑後川でしかとれないエツなどの観光資源にも恵まれており、木工産業が発達した背景にも、筑後川の存在が深く関与しているといわれています。隣りの大分県の日田杉を伐採、上流域で筏に組み、これを下流域に流す。そして、大川で筏を解き、乾燥させ、熟練の木工技術で家具に仕立て上げ付加価値を高めるという好循環のエコサイクルが自然発生的に生まれ定着したわけです。低迷している木工産業ですが、デジタルＤＸの流れを受け、「ロボット家具」（動くソファーなど）のような新しいコンセプトも生まれつつあり、新生・大川の明日に注目したいところです。

大川郵便局と桐の花

（出所）　高橋和彦（郵政省OB）画

年賀状を「人質」にとった昭和五三年末の反マル生年賀状越年闘争時の大川郵便局の業務運行はどうだったのでしょうか。結論からいうと、福岡県下の集配普通郵便局のなかでも、常にワースト・スリーの座をキープする「堂々と」したものでした。郵便局管理者と労組役員とのトラブル（暴行事件）もあったようです。現に私が内示を受けてから赴任するまでの間に大川郵便局の郵便課長を経験したＸ氏がわざわざ私の所まで足を運んできてくれて「大川に行かれるそうですね。あそこは気性の荒い連中が多いから、一筋縄ではいかないですよ。私の借りを返してきてください」と貴重なアドバイス（?）をしてくれました。

案の定、着任するとほどなく、全逓の筑後中支部から団体交渉の申し入れがありました（※）。時間外労働の必要性について説明し、意見交換し、時間外労働に関する協約を締結することが目的でしたが、労組側は、その際に、「新局長の労務姿勢を確認する」とか「四・二八確認の意味を問う」など、新局長の労務姿勢を質そうと仕掛けてくる支部が多くありました。もちろん、私は、本省でこの問題の対応のど真ん中にいたので、労組支部役員の皆さんが「もうそれくらいで十分です」と辟易するほど丁寧に説明してあげました。こうした着任後最初の団体交渉でのやりとりを経て、スタートから「自分イズム」を打ち出すことができたように思います。

※ 「団体交渉権」は「団結権」「団体行動権」とともに、憲法第二八条で保障された労働三権の一つであり、これを理由もなく拒否すれば不当労働行為と認定され、ペナルティを課される。大川郵便局は全逓筑後中支部のなかの交渉代表局。参考までに、大川市の隣の柳川市の柳川郵便局は全郵政が協約締結権を有していたため、全逓筑後中支部との交渉には参加しなかった。大川郵便局は柳川郵便局と町や局の規模も似通っていたため、古くから、業績についても比較されてきていたが、それに反発を感じる大川局職員が多かったように思う。

西堀カルタに学ぶ局長の着任準備

郵便局長の内示を受けてから実際に着任するまでの間にやっておきたいことを以下にまとめてみました。ただ、「局長」と一言で言っても、エリア局長か単独局長（※）かによって仕事のウェイトはかなり変わってきます。自分がどちらの道を歩んでいるのかをよく考えて、優先順位をつけながらチャレンジしてください。

※ エリア局とは、原則として集配機能をもたない旧特定郵便局であり、単独局とは原則として集配機能をもつ旧特定郵便局以外の郵便局。

【郵便局長の着任前準備事項】

① 赴任先の町の事情を把握する（自然、気象、交通、経済、産業、歴史、課題など）。
② 赴任先の郵便局の事情を把握する（組織、成績、インフラ、職員、施策参画状況、事故・犯罪発生状況など）～赴任しても、まっすぐに局長室には向かわない。
③ まずは顧客として当該郵便局窓口を利用してみる。
④ 局の周囲を二～三周回ってみる。
⑤ 理想とする局長像をキーワードのメモ書き程度でいいから整理しておく。

私が理想とする局長は、「内剛外柔、百錬自得、信賞必罰、上司の最重要任務は部下を守ること」「叱るのは個室で褒めるのは朝礼で」「長幼の序」「プロデュース人事」「善は急げ」「過ちを改めるに憚ることなかれ」といったイメージです。この理想像は実は「西堀カルタ」から学んだことがベースになっています。西堀カルタとは、第一次南極地域観測隊の越冬隊長、ヒマラヤのヤルンオン初登頂隊長などで知られ、戦後日本の品質管理のパイオニアであり、卓越した技術者でもあった故西堀榮三郎氏の語録を編んだカルタのことです。

西堀氏の生涯は波乱万丈です。地球の果てを目指した探検は、南極から世界の屋根、ヒマラヤの高峰にまで及び、探検界のリーダーでした。そればかりか、科学者・技術者として自ら製造にも携わり、品質管理、原子力、海洋と、いずれの分野においてもパイオニア精神を貫き優れた足跡を残しています。また、教育者・哲学者としても高く評価されています。「皆、違うからいい。異質だからいい」「実践こそが一番大事」「後輩や部下にチャンスを与えることが一番のプレゼント」など、多様な分野でリーダーとして活躍した西堀氏の言葉は、価値観が多様化する現代社会で私たちが前向きに生き抜くためのヒントを与えてくれます（参考文献「鈴鹿からびわ湖まで　東近江市の博物館」ウェブサイト、西堀榮三郎記念　探検の殿堂　https://e-omi-muse.com/index.html）。

西堀カルタ

い 石橋をたたけば渡れない
ろ ロジックとノンロジックの組み合わせ
は 馬鹿と大物が新しいものを作る
に 忍術でもええで
へ 平常心 会社を守り身を守る
と 統計的方法で事実をつかめ
ち チャンスを与えよ よい部下に
ぬ 抜け駆けの功名では困難は切り抜けない
る ルールは自主能力で変わるもの
を おのれだけでは何もできない
か 感謝がすべてのモチベーション
よ よい品質は作る人間の込めた魂
た 体験で生きた知識を
そ 創造で会社の繁栄自分の生きがい
つ つまらぬことにこだわるな
ね ねらいの品質トップが決める
ら ラインもスタッフも心を合わせて目的達成
む 虫の知らせが聞こえるまでに
う 上役よ補役になれ
ゐ 異質の協力でチームワーク
の 能力はかえられる
お 思いもよらぬことは起こると思え
く 苦のあとの成功

「管理者は敵、酒の席は同席しない」

人間関係をつくるのに、アルコールに頼りすぎるのは問題ですが、アルコールの力をうまく借りることでコミュニケーションが円滑になり良好な人間関係を構築することができるのも事実です。もちろん、お互いに「無理強いはしない」「飲んでも飲まれず」等のアルコールマナーを厳守することは大前提です。

大川は筑後平野の酒どころ。地元の人たちは酒の効用を私よりよほど知っています。その大川の郵便局員が、労使対立の歴史があるというだけで管理者と酒席を共にしないのは実にもったいない話です。私は、そんな局員に直接「管理者とは酒飲まないと聞いたけど本当?」「昔、嫌な思いしたことあるの?」「酒強いと聞いたけど私と飲んだら負けるのが心配なんじゃないの?」と問いかけました。

そこまで言われれば、たいていの局員なら「受けて立って」くれます。この手法は大変効果的なのですが、大きな弱点が二つあります。入省六年目の俸給(給与)では軍資金が続かず家庭内争議が勃発する恐れがあることと、自分自身が気づかないうちに肝臓が蝕まれていくことです。当時の大川局には管理者が五人(局長、庶務会計課長、郵便課長、貯金課長、保険課長）いました。家庭環境、アルコール耐性は、それぞれ異なりましたが、局員育成については皆とても熱心な方ばかりでした。

「局長が暴力振るった。言いつけてやる！」

酒席を共にしてみると、時たま、私より数段、酒の強い猛者がいました。そういうときには、酒だけ飲んでいると体を痛めるため、合気道経験を活かし、手首の関節技を披露しました。そうすると、あまりの激痛に本人は私が本気で暴力を振るったと勘違いし、大騒ぎになることも。「局長が暴力振るった。言いつけてやる！」。私としては護身術を伝授したにすぎないので、慌てることなく、「誰に言いつけるの？」と聞いてみます。「うーん」と唸りながら、「（私の部下の）庶務会計課長に言いつける」という返事が返ってきますが、しばし沈黙。言いつけられたあとの課長の行動パターンをシミュレーションした結果、課長の困った顔が目に浮かび、二人で大笑いして、人間関係の構築という所期の目的達成ということもありました。

市内の暴力団事務所で発砲事件発生

当時の大川市内には暴力団の事務所が一か所あり、組同士の抗争のなかでその事務所に実弾が撃ち込まれるという発砲事件が発生しました。組合から「局員の身の安全確保に最大限の努力をすべし」との「緊急申し入れ」がありました。その要請はもっともなものであり、申し入れを検討するまでもなく、「動こうとしていたところだ」と即答しました。

具体的には、大川警察署長に、直ちに電話を入れて、当該組事務所への郵便物配達の際には、局員の安全を確保するために警察署員が同行する等の配慮を依頼しました。こういうときのために、局長に着任後できるだけ早めに、警察とコミュニケーションの機会を設けておくことが肝要です。

警察署長からは「組事務所周囲を警邏中の署員に声を掛けてくれればわかるようにしておく」との回答がありました。実は、当初は「検討止まり」であり、「了解」の返事はもらえなかったのですが、配達場所となる郵便受箱が組事務所の階段の奥に設置されているため、そこまで局員が上がっていったときに発砲されれば局員が逃げられなくなるという特殊な事情を説明したところ、すぐに了解を得ました。私はプロローグでお話ししたような経緯もあり、警察にあまり好印象をもっていませんでしたが、やはりいざというときに警察は心強いし、平素からの付き合い（密度の濃い情報交換）が大事だと痛感しました。

郵便営業の芽生え

民間宅配便の急成長に伴い、郵便事業の経営の危機が表面化した頃です。本省からも「郵便事業の危機を訴える」等の檄が飛び、郵便事業の営業に力を入れ始めました。私も何とかしなければいけないと思い、ありきたりですが、「内外・郵貯保」全局員が携行する一〇〇〇円と一五〇〇円の二種類の「お便りセット」をつくり、私自身も営業をしました。また、「お便りセット推進キャンペーン」を設定。現場からは営業手当の新設を求める声が強かったのですが、本省側からは指示も許可も出ないため、ひとまず販促費としてキャンペーン期間中は一〇〇〇円セットには石鹸一個、一五〇〇円セットにはタオル一本のお客様向け販促物品を用意し、局員への手当化は継続検討としました。

結果は、①施策参加者が予想をはるかに上回った、②企業、法人への販売が予想をはるかに上回った、③職員のなかから改善提案が出てきたなど、期待を大きく上回るもので、なかでも「販促物品の決め方を「石鹸〇個」から「石鹸〇個相当」に改正しましょう」といった具体的で建設的な改善提案が出てきたのは嬉しく思いました。

郵便・貯金・保険三事業のなかで、郵便事業に携わる人たちは営業のセンスがないとよく言われますが、このキャンペーンを通してそれは間違いであって、郵政局や本省の幹部が、営業するチャンスを与えていないだけだということがわかりました。「責任は上司がとるから、伸び伸び営業してこい」という職場風土をつくることが、どの事業においても極めて大切であるということです。

新任郵便局長研修での出会い

昭和五八年の夏、大川郵便局長として着任後、二か月ほど経過した頃だったでしょうか。九州郵政局から新任管理者研修の案内が届きました。場所は、福岡市早良区にある九州郵政研修所。一週間ほどのカリキュラムで、内容は労働組合との交渉ロールプレイやケーススタディなど。色々教わって大変勉強になりましたが、一番役に立ったのは、早朝のグラウンドダッシュと夕方の研修所前の公園での懸垂でした。中日（なかび）の研修が終了して公園へ行ったところ、ちょうど鉄棒の前あたりで、一升瓶を真ん中に置いて酒を飲んでいる五、六人のグループがいました。品がよい人たちには思えず、絡まれたら面倒だなと思いながら、目を合わせないようにして懸垂をしていました。そうすると、つい目が合ってしまったリーダー格と思しき人から、「ひょっとして郵政研修所の方ですよね。こっちで一緒に軽くやりませんか?」とお誘いの声がかかりました。

私は前述のように、「何で、私と酒を飲まないのか? 負けるのが嫌なんだろう?」と思う性格でしたから、誘われて逃げるわけにはいきません。すでに研修は終わり時間外でもありましたので、顔を出すこととしました。

飲みながら、

「いつも、そこのグラウンドを走っておられますよね。研修生の方ですか?」

「そうですよ」

「我々も研修生なんですよ。高等部第二科訓練生(高二訓練)だったんですよ。なんか怖そうなおじさんがいつも激しいトレーニングをしていて。ああいう人、うちの人じゃないだろうなと思っていたんだけど、残念ながら郵政の人だったんですね」

「君らこそ変な恰好で飲んでいるだろう。なんか浮浪者風でね。声がかからなきゃいいなと思っていたよ」

などと言いながらお互いの連絡先等を記載したメモを交換してそのときは別れました。

そのなかの一人は労働組合の中央執行委員を務めた後、地元に戻り、市議会議員・県議会議員として活躍し、今でも地元のオピニオンリーダーです。彼が上京した際は、時間がある限りお会いするという長い付き合いとなりました。お会いするときはいつも「あのときのあの人がまさか局長だとは、とても思えなかった」の決まり文句から笑い話が始まります。あのときの一升瓶を囲んだ「飲ミュニケーション」では、現場の実態とともに、「生」の高二訓練を見せてもらったような気がしました。あのような体験は非常に有意義です。

離婚の仲裁と予期せぬ結末

局員のなかに私より一五歳ほど年上のAさんがいました。彼はスポーツマンで卓球が強く、酒も強かった。私が着任するまでは酒で私生活が乱れていたとのことでしたが、私が直接見た限りでは、立ち直ろうと努力しているようでした。その彼が、ある日、局長官舎にいる私を「プライベートで相談に乗っていただきたく伺いました」と訪ねてきました。

話を聞くと、①家族構成は、妻、息子二人の家族四人、②離婚の危機にある（奥様は実家に帰ったままで、戻ってきてくれないとのこと）、③原因は自分の酒癖の悪さ、④反省している、心を入れ替えて家庭を大事にするので戻ってきてほしい、⑤奥様の実家まで説得に行くのに立会人として同行してくれないか、といった内容で嘘はなさそうです。とはいえ、奥様側の意向も伺う必要があります。それ以上に、一五歳も年下の私が同行すれば、かえって不信を買い逆効果ではないだろうか、一人というか一つの家庭の命運を左右するかもしれない役割を私のような若造が握るのは恐れ多いのではないだろうかといった思いが強くなってきます。しかし、本人の態度は真摯そのもの。そこで上司と部下、男同士の信頼関係に賭けて、次の土曜日に奥様のご実家に伺うことにしました。

ご両親は礼儀正しい大変ご立派な方々であり、二時間ほどの正座をしたままでの話し合いにもきちんと応対してくださいました。しかし、奥様はご両親を通じての紳士的な呼び掛けにも、障子越しに大きな声で呼びかけても、無反応。どれくらいの時間が経過したでしょうか。私から切り出しました。

「Aさん、諦めてください。これだけ誠実に復縁の話に来ているのに、奥さんのこの態度は失礼極まりない。これは貴兄の無茶苦茶な生活の積み重ねの反動によるものかもしれませんが、この状況を見る限り、最早「脈なし」であることは間違いないでしょう。奥様は、むしろそのことを態度で貴兄に明確に伝えてくれているのだと受け取るべきでしょう。今日この日をもって、本件打ち方止め。息子さんへの説明が必要なら、私もやります」

「わかりました。局長にここまでやっていただきありがとうございました」

その後、Aさんの私生活を注視していましたが、酒で乱れるということはなくなり、半年前とは別人のような頼りになる管理者候補に成長してくれました。大川局に就職以来約二〇年間も人事異動に応じなかった頑固一徹者が、他局への武者修行に応じるということは、人づくりの大成果であり、私は自分のことのように嬉しかったのを覚えています。

Aさんはその後、福岡及び佐賀県下の郵便局で数回昇任をし、最後は、九州の大局で定年を迎えその後は有明海で小舟（自家用船）に乗りながら余生を送り、平成二八年に他界。もう一度、酒を酌み交わしたかった。ご長男は、私の影響を受け（?）、大学のサークルでは合気道部で汗を流し、今も私と親交があります。アジアを一年にわたりバックパッカーとして旅行し、東京経由で九州・大川へ帰る途中、中野坂上の私の官舎に数泊していく大物ぶりを発揮しました。

一方、ご次男は、もしかしたら、私を親の仇のように思っておられるのではないかと気になっていたのですが、数年前、ご長男ともども遺影を前においしいお酒を飲み、誤解を解く機会を得ることができました。

本書を出版するにあたりこのエピソードを紹介していいかどうかをご長男にご連絡したと

ころ、以下のお手紙をいただきました。

「父は、私が小さい頃は気に入らない事があると夕飯の支度が整っている卓袱台（ちゃぶだい）をひっくり返したり、悪戯が過ぎた私を家の外に追い出したりと『昭和の親父』そのもので、癇癪持ちであり、母のこともよく怒鳴りつけていました。その反面、子煩悩なところもあり、仕事で泊りの番の時はなるべく他の方にお願いして代わってもらって、子供達と過ごす時間を大切にしていました。父が大川局からの異動を長く拒んでいたのも、通勤時間が増えて子供との時間が減るのを嫌がっていたからだと思います。

母が出て行った事は、父のせいだけではないと思っています。当時私達の家には親類から『オバン』と呼ばれていた、父から見たら伯母夫婦を引き取って面倒を見ていました。実は父は子どもの頃、この伯母夫婦の養子になっていた事があるようです。父の父、私の祖父が戦争に駆り出され留守の時の事だったようで、祖父が戻った時に養子縁組は解消されたようです。私自身も幼い頃は保育園のお迎えをしてもらったり、休みの日には一人で遊びに行ったりして、よく可愛がってもらっていました。旦那さんのほうは引き取って程なく亡くなってしまいましたが、『オバン』の方はその後、いやその前からではありましたが、母との折り合いがだんだん悪くなり、近所に根も葉もない母の悪い噂を吹聴するようになっていきました。これでは一緒に暮らしていけない、しかし老齢の縁者を泊まるあてもないのに追い出す事もできないという事で、何年かたった後、私たち一家の方が出て行く事になりました。引っ越し先は自宅から一㎞も離れていないところでしたが、もともと農機具小屋であったところを改装したものでした。祖父は農家でしたので、所有していた田んぼに隣接したもので、小屋と言っても相当大きく、梁も太かったので後に二階を増築しています。父は大工仕事が好きでこれらの改装は自分でやっています。私や弟は別段何という事もなく快適に暮らしていたのですが、母にはこの「小屋生活」が苦痛だったらしく、『オバン』が亡くなった後も住み続ける事に我慢できなくなった事が、家を飛び出した直接の原因だったようです。

私は大学卒業後、一時、高校の教員をしていましたが、その後中国に留学し、あちらで就職もしました。その間、何度も父は中国に遊びに来ました。長い時には二か月ほどかけて中国やネパールなどを旅行しました。なかでも内モンゴルの草原、新疆の砂漠、ヒマラヤの高山、桂林下流の陽朔の街が印象に残ったようで、その後、父とは幾度も当時の思い出話で盛り上がりました。

勝野さんの事は父からよく聞かされていました。着任当時「今度の局長は今までとは違う」「ものすごく優秀な人だ」「大川局長の最年少記録を作った」など言っていました。私と勝野さんとの初対面は、私が高校生の時、元の実家に戻っていた頃のある夜、酔った二人が飲み直しに家に来た時です。おつまみにと出したキャベツと鶏肉の炒め物を美味しいと食べてくれたのが印象的で今でもはっきり覚えています。それから少しして、当時茨城で開催されていた「つくば万博」に九州から一人で出て来た時に、本省までお邪魔してお相手していただいた事、大学を休学して行ったアジア貧乏旅行の後、数日泊めていただいた上に持ち金が尽きた私に帰りの旅費を持たせていただいた事、父の死を悼み一緒に偲んでいただけた事、今でも本当に色々とお世話になっていて感謝しております。父が結んでくれたこのご縁を、今後ともつなげて行ければと思っております。

尚、当時お借りした旅費は、帰路途中の和歌山の親戚の土建屋でバイトして、速やかに返金しております事、読者の皆様にはご報告させていただきます」

（令和五年五月　A氏ご長男からの手紙）

エピソード 12

処分の量定を巡り組織トップと対立

大川郵便局長は約一年。地元の人たちとのお別れのとき、瞼に熱いものが込み上げてくるのを必死で抑えながら、関東郵政局の人事部管理課長に異動しました。

当時の関東郵政局は七県（神奈川・埼玉・千葉・茨城・栃木・群馬・山梨）を管理する超巨大郵政局でした。関東労使の過去の歴史を調べると、色々なことがわかってきました。関東エリアは、人口増、企業増が著しく、それに伴う郵便局の業務量の増加も激しいのですが、ドーナツ型の中心に位置する首都・東京と対比すると、東京で差し出された郵便物を関東七県で配達する、すなわち、「収入は東京へ、支出は関東から」という構図が浮かび上がってきました。関東でも要員や置局などのインフラ増強の必要性が高いにもかかわらず、最終的には首都・東京のインフラ整備を優先する結論が繰り返され、関東では労使双方に東京に対する嫉妬心というか、若干屈折した対抗意識が燻っている状況でした。

特に注意が必要だったのは「労使アベック闘争」の罠に陥りやすかったことです。業務インフラ整備においては、関東労使の利害は一致しています。この労使で利害が一致する部分と対立する部分の併存を「モヤモヤ感」と表現するならば、より大きなモヤモヤ感を内包する組織であればあるほど、リーダーは、わかりやすい明快な方針を示し、そのモヤモヤ感を取り除かねばなりません。私は、就任直後、人事労務の基本方針として、「信賞必罰」「適材適所」「是々非々」の三本柱を明示するとともに、「経営責任として措置すべきものと労使交渉を経て措置すべきものとは峻別しなければならない」旨を強調しました。こうした事情や背景があるなかで、千葉市内の大局で服務規律違反が発生しました（発生したのは、私の着任前。一六時間勤務の者が管理者の制止を無視して職場で鍋料理をつくって食べる等）。

非違行為者が属している労働組合は、組合員を守るため、処分量定の軽減について要望や陳情等プレッシャーをかけてきます。どんなにプレッシャーをかけられても公にしているルールがある以上ぶれてはいけません。ところが、関東労使には、業務インフラを労使が共同して整備したほうが効率的だといった労使アベック闘争に陥りやすい条件が整っています。

あるとき、我が方組織のトップである郵政局長から、「処分を一段階軽減せよ」との指示が下りてきました。これに対して、私も、私の直接の上司も猛烈に反発をし、「そういうこと（処分の段落としのような不透明なこと）をすることが労使関係を悪くするのです！」と何度も申し上げました。また、そうした動きを察知した別の組合からは、不透明な決着は絶対反対という申し入れもありました。しかし、このときは残念ながら郵政局長に押し切られる形で決着してしまいました。

印象的なのは、その後の展開です。その郵政局長は次の定期人事異動で本省部局長クラス入りが決まり、結果的に関東郵政局の労務管理は引き続き、私が任されることになりました。私にとっては何とも後味の悪い結末となってしまったのですが、現場の管理職や生産性向上を訴える労組からは拍手喝采で受け入れられたように感じました。

後任の郵政局長が着任した直後の労働組合地方本部三役との顔合わせでは、委員長のお茶の器に業務用ホッチキスの針が入っていたというハプニングがあり、一瞬、部屋中に緊張が走りました。委員長はこのことについて随分こだわりましたが、新しい郵政局長は、「そういえば、昔、やくざ映画で似たようなシーンがありましたなあ」と笑い飛ばされました。私のような小心者にはドキドキの場面でしたが、心の底からホッとしました。現場では、本省・郵政局幹部に対する「命を懸けろとまでは言わないから、出世くらいは懸けてみろよ」

という一般管理職、中間管理職の声なき声が溢れていることを忘れてはいけません。このことを改めて胸に刻みました。

エピソード 13

預貯金金利自由化の進展

我が国においては、戦後の荒廃した国土を整備し直し、産業を興し、庶民の貧しいくらしを豊かにするために、長短分離・信託分離・銀証分離等の専門金融機関制度が採用され、預金金利を低位に固定する一方で、消費者は魅力的な金融商品の提供を受けられないという構図ができていました。金融機関に競争させない代わりに、金融機関を倒産させない。そのため、預金者には我慢してもらう。アメとムチを使い分けながらというのが大蔵省の基本的な行政手法でした。ところが、金融の国際化が進展するにつれて、海外の金融制度と合わないという実態が広がってきました。当然、外資系金融機関からは「もっと自由にやらせてくれ」という要望が寄せられます。「金融自由化」の「自由化」という言葉は、「不自由なもの」または「不自由と感じるもの」を「自由にやらせよ」という意味であり、「規制の撤廃」と必ずしも同義ではありません。つまり、不自由な規制を自由化する場合、不自由と感じない規制が新たに生まれてくる場合があるということです（※）。

※　金融自由化の流れの全体像を、当時、上司だった安岡裕幸貯金局経営企画課長のお名前で、郵政省の経理・財務専門誌「ＦＩＡＣＣ」に投稿させていただいたことがあります。どこかでお読みいただいた方もいらっしゃるかもしれませんが、このミニ論文、なかでも「自由化とは、規制への更衣のようなもので、デ・レギュレーション（規制緩和）とリ・レギュレーション（再規制）を交互に繰り返しながら永遠に続くと観念すべきもの」と喝破した見識については、当時、大蔵省においても注目を集めました。

エピソード14 金融自由化対策室の設置

金融自由化が進んだとき、郵便貯金の資金の入口と出口、すなわち、金利を含めた貯金の商品性と資金運用をどうやっていくべきか考えなければなりません。それに備える組織として、「入口の自由化」は第一対策室、「出口の自由化」は第二対策室として態勢を整え、第一対策室の室長補佐に私が就くことになりました。そのネーミング、設置の経緯・タイミング等から、注目を集めるところとなり、ミッションの重大性をヒシヒシと感じました。

昭和二二年臨時金利調整法は、戦後の臨時的措置として立法されたものですが、「臨時的措置」にもかかわらず、半世紀もの長きにわたって継続していること自体にも批判が高まりました。

では、この規制の枠組みが早晩無くなる（自由化する）として、その後は、預貯金の金利は誰がどうやって決めることになるのでしょうか。答えは簡単です。正解は「各金融機関がそれぞれの経営判断のもとに決める」ことになります。

しかし、民間金融機関の皆さんはこう口をそろえます。「郵便貯金が国の信用を背景に無茶な金利をつけるかもしれない。競争条件のイコール・フッティングが先だ」。

これに対し郵貯は、「郵貯と一般の金融機関とでは設立の趣旨、目的、運用面を含めた業務範囲等が異なる。にもかかわらず、個々の項目ごとにイコール・フッティングを求めるのはナンセンス。むしろ、個々の条件は異なっても、全体としてバランスがとれているか否か、言い換えれば、トータル・バランスの確保が大事。その観点からは郵貯の方が不利」というのが基本的な考え方でした。

この議論は、臨時行政改革推進審議会（行革審）などで繰り返されてきた「イコール・フッティングVSトータル・バランス」論争で、そう簡単には決着しません。ただ、自由化が遅れれば、大蔵省も困ります。

こうした読みと見通しのもと、大蔵省との交渉に入るにあたり、木村強貯金局経営企画課長を中心に郵政省内で「金融自由化は世界の潮流であり、郵便貯金はこれに積極的かつ的確に対応していく。具体的には、完全自由化までの過渡期の措置として、市場金利連動型貯金を導入し、円滑な自由化に貢献していく」との郵便貯金の基本スタンスを固め、認識の統一を図りました。

最終的な姿（完全自由化）は、関係者合意のうえで先送るが、それまでの間も最大公約数的な漸進的措置はとりましょう、という極めて現実的な内容です。しかし、じっくりお読みいただくと、郵貯の「覚悟」（※）が行間にあふれていることにお気づきになると思います。ところが、さあ、いよいよ本格的に交渉開始！という段階に差し掛かったところで、金融所得課税の見直し問題が勃発しました。金利自由化交渉は一時中断せざるを得なくなったのです。

※　当時の郵貯の「覚悟」とは、①自由化は規制下にあった預貯金市場を競争下に置くこと、②したがって、その最大の目的は預金者の利益確保、③であれば、郵貯にあっては定額貯金の金利自由化こそ一丁目一番地、④過渡期は訓練助走の意味合い（経営の苦しい農協等への配慮）もあり、自由化商品の中身よりも「早期着手」に重点を置いて対応したが、完全自由化交渉ではそうはいきませんよ！といったものでした。

エピソード
15

狙われる郵便貯金非課税制度

「制度創設以来の非課税という原則を貫くのであれば、預入限度額は三〇〇万円に据え置いたままだ。限度額を引き上げるのであれば、マル老等を除いて民間金融機関の預貯金と同じく利子に課税にしろ」というのが大蔵省の主張でした。これは非常に悩ましい議論でした。当時の状況を説明する前に、税制の全体像と論点について概観しておきたいと思います。

税は、①何に負担を求めるかによって、所得課税、消費課税、資産課税に、②誰が課税主体かによって、国税、地方税に分類されます。また、所得を合算した総所得金額に課税するか、それとも、他の所得とは合算せずに分離して税額を計算するかによって、総合課税か分離課税かに分かれます。現在の預貯金の利子に対する課税は、この分類では、所得課税（国税・地方税合わせて20％の源泉分離課税）に該当します。

総合課税か分離課税か、所得課税か消費課税かを議論するとき、よく言及されるのが、「公平の原則」と「グリーンカード騒動」です。

「公平の原則」というのは「水平的公平」「垂直的公平」「世代間の公平」の三つの公平のうち、どれに重きを置くのか、あるいは、バランスをどのようにとるのかということです。「水平的公平」とは、経済力が同等の人に等しい負担を求めるということであり、「垂直的公平」とは、経済力のある人に、より大きな負担を求めるということであり、「世代間の公平」とは、近年の少子高齢化・人口減少等を受けて例えば若年層と高齢者層の税負担を公平にするといったことです。

余談ですが、税を巡る「公平性」の議論は、思想信条や政治・国家観等と深く結びつくものです。我が国の場合、学生時代、社会人、第二・第三……の人生を通じて、そうした議論をする機会が少ないような気がします。それが結果として選挙の投票率の低さ（※）にも現れているのかもしれません。国家のあり方などと大上段に構える必要はありません。我々の世代が率先して、自分たちが属する社会はどういう社会がよいかといった身近なことから議論を始めようではありませんか。実践していくことが大事だと考えます。

一方、「グリーンカード騒動」とは、昭和五五年頃、少額貯蓄非課税制度（マル優制度）の悪用事例が目立つようになり、それを防止するために非課税枠を利用しようとする人にはグリーンカードの提示を義務づけようとした際の反発のこと。グリーンカードとは複数の金融機関の預貯金を名寄せするための個人ＩＤカードみたいなものでした。グリーンカードがあれば、金融機関間で名寄せが容易にできるようになります。しかしこれによって、全所得を税務当局に把握されてしまうのではないかとの懸念が強まり、「国民総背番号制」反対の大合唱につながりました。いわゆる「マイナンバー法」では、こうした過去の事例に鑑み、行政が活用できる分野を、「社会保障、税、災害対策」の三分野に限定しています。

※　投票率の国際比較については、選挙制度の違い、投票日の天候等にも左右されることから単純な比較は適切ではないと考えられるが、インターネットで検索したところによれば、日本の投票率は低位になっています。

エピソード
16

狭まる郵貯包囲網、予算要求で戦いの土俵を広げる

グリーンカード騒動で苦い経験をした大蔵省は、一律二〇%の源泉分離課税を前提に金融商品の収益に課税する案を提示してきました。この案は、金融機関側からすると徴税コストが小さくて済み、富裕層の預金者からすれば所得税の税率より低い税率が適用されることとなり、さらに財務当局からすれば制度創設以来非課税であった郵貯からも税収入を得ることができ、そのうえ、民間金融機関及び大蔵省銀行局にとっては、いわゆる官民のイコール・フッティングの項目のうちの最大の調整困難項目が解決するというメリットがありました。

ただ、郵便貯金の非課税枠撤廃のバーターとして大蔵省がほのめかしてきた郵貯預入限度額の引上げ緩和に、それまで絶対反対の姿勢を示してきた全銀協等がそう簡単に方針転換するとは思われませんので、その分、大蔵省内での連携（特に主税局＋銀行局）の取組みが強化されたものと腹をくくりました。大蔵省は、二度も立て続けに税制改革を失敗するわけに

はいきません。源泉分離課税を実現したうえで、郵貯預入限度額の決着を図る必要があるため、大蔵省内の連携（主税局と銀行局）を強く求めていくことになったわけ（※）です。

一方、郵政省貯金局にすでに設置されていた金融自由化対策室では、郵貯が金融自由化に適切に対応していくために必要な措置として、預入限度額の撤廃、郵便局での国債販売、郵貯資金の自主運用の三つに絞り込み、これらを次年度の予算要求に盛り込むこととしました。

もし、当時の大蔵省との交渉を「攻め」と「守り」に分けるとしたら、預貯金利子の課税問題が「守り」であって、金融自由化適切対応項目（郵貯限度額撤廃等）が「攻め」になります。これらの重点要求項目を制度法案担当の課長補佐クラスで分担し、その後は、進捗状況に応じて相互に応援する体制で推進することとしました。

※　このように、郵政本省内では冷静な分析と戦略が議論されていましたが、郵便局第一線まで含めたオール郵政の世論としては、「郵便貯金の制度創設以来の利子非課税制度を断固守り抜くべし」という意見と、「利子非課税制度を守り抜いただけでは飯は食えない」という意見が大きな振幅をもって揺れ動いていました。

エピソード 17

国債販売交渉の布石

大蔵省理財局のなかに「国債課」があります。「郵便局での国債販売」に向けて私の交渉相手の中心的存在となる部署です。「郵便局での国債販売」とは、それまで郵便貯金と簡易生命保険を取り扱った経験しかない郵便局の窓口の職員が、債券の代表格である国債を販売する、しかも、単に販売するだけでなく、販売した証券の保護預かり、買取、販売した国債を担保とした貸付、募集取扱期間中に売れ残ったらその残額の全額を引き受ける（残額引受け）という多様な業務を行うことでした。

金融自由化への対応を検討するうえで、郵便局における商品のラインアップを考えるうえでも、資金運用の対象を拡大するうえでも、「郵便局での国債販売」を抜きには考えられないということは何となく肌で感じていました。そこで概算要求をする数か月前から理財局国債課を中心に大蔵省に足を運び、郵政省の考え方を説明しようと試みました。しかし、大蔵省側の反応はどの部署でも「あなたとは話すことはない」「何しに来た？」「……（無視）」。

　私は具体的な交渉事項の有無にかかわらず一日一回は大蔵省へ足を運ぶことを自分の日課と決め、雨の日も風の日も日参しました。交渉相手は、私と同年代から一〇年ほど先輩の大蔵省各局・各課の筆頭課長補佐～室長・企画官・参事官クラス。まともに口をきいてくれる方は誰もいませんでした。というより、私と口をきいたらその行為は「利敵行為」とみなすとの申し合わせがあるかのように、相互監視体制が敷かれ、時候の挨拶でさえつけ入る隙を与えてもらえませんでした。

　そんななかでも微妙な変化を感じ取ることができたことがありました。一つは、ある国債関係の部署の筆頭課長補佐から「郵便局は全国でいくつあるの？」との質問が飛んできたこと。明らかに郵便局ネットワークでの国債販売力に期待しているなと思うと嬉しかった。

　もう一つは、「蝮の坂本」と各省から恐れられていた坂本導聡理財局国債課長が私が国債課へ日参する姿を見て激励してくれるようになったことです。「勝野さん、お子さん何人？」から始まり、「勝野さん、昼飯食べた？」「ラーメン食べに行かない⁉」。国債課の滝本豊水補佐、柏木茂雄補佐、畑中龍太郎補佐らの目を気にしながらも、「私」という人間を見極めようとしてくれていたような気がします（もちろん支払いは割り勘でした）。さらに、人事異動で、坂本課長は後任の榊原英資国債課長にバトンタッチするにあたり、榊原氏を郵政省貯金局の狭くて雑然とした私の席まで自ら案内し、誠に丁寧なご挨拶をいただきました。これには、金融自由化第一対策室の面々も驚き、苦労も吹き飛びました。

エピソード
18

政府・与党の合意

少額貯蓄非課税制度の扱いは、政府与党のずーっと偉いところ（ハイレベル）で、郵便貯金の預入限度額、資金運用制度の改善等金融自由化対応のための措置と同時決着となりました。国債販売についても「郵便局での国債販売を認める」とされ、細目は事務折衝に委ねられました。

このときの最終決着内容を整理しておくと、

・郵便貯金の預入限度額　三〇〇万円→五〇〇万円
・金融商品収益への課税　源泉分離課税二〇％（官民共通）。ただし、老人等のマル優は存続。
・国債販売の再開（初年度一兆円）（※）
・金融自由化対策資金の創設（初年度二兆円）

郵便局等の現場では、制度創設以来一貫して非課税とされてきた郵便貯金を原則課税とするわけだから、限度額は撤廃されてもおかしくないはずだとの意見があふれていました。

※「国債販売の再開」という表現は、昭和二六年まで郵便局で国債の窓口販売を行っていたことを踏まえたものですが、その時点で民間金融機関は買取や担保貸付等の窓口販売周辺業務を行っていました。こうした情勢を踏まえて、細目は事務折衝に委ねられたものです。

エピソード
19

国債販売チーム、地獄の旅路の始まり

国債販売に割り当てられたチームメンバーは、清水勢介貯金局経営企画課調査官兼金融自由化第一対策室長、高橋武雄貯金局経営企画課第三貯金係長、阿部康二貯金局経営企画課第三貯金係次席、佐藤恭市貯金局経営企画課第三貯金係三席、勝野貯金局経営企画課課長補佐兼金融自由化第一対策室長補佐の五人。清水さんと私は金利自由化対応を一時休業しての参戦でした。この五人を「関連省庁等との折衝担当」「法案作成担当」の二チームに分けてというのがオーソドックスな布陣でしょうが、たったこれだけの少ない人数で、しかも、「郵便貯金のサービスアップには全て反対！」と強硬な姿勢を崩さない大蔵省銀行局を相手に交渉するとなるとどこかに必ず穴があきます。そこでメンバー全員を「何でも屋」とし、内閣法制局を含め対外折衝は「窓口一本化」の観点から私が集中して担当することにしました。法案作成経験者はゼロでしたが、体力と誠実さには自信のある者ばかり。あとは出たとこ勝負でいくしかない。とにかく健康管理だけはしっかりやっていこう！と覚悟の船出でした。

折衝先は、大蔵省理財局、証券局、銀行局、主計局、主税局、国際金融局、自治省地方債課、日銀、内閣法制局と幅広く、しかも難敵ばかり。何といっても、各省折衝と内閣法制局への説明を並行してやらなければならないことの大変さは、筆舌に尽くし難いものがありました。そのときにまとめた法案が「郵政官署における国債等の募集の取扱い等に関する法律案」（国債販売法、図表19－1）です。当時、内閣法制局の池田仁参事官には、計り知れないほどお世話になりました。改めて、この場を借りて、御礼申し上げます。

今、思い返しても、メンバーが一人、二人とダウンしていくなかで私が職責を全うできたのは、チームワークと不断の武道鍛錬の賜物だったと思います。後にその時のメンバーに「あなたの人生で最も苦しかった仕事は何でしたか？」という質問を投げかけてみたことがあります。誰に聞いても異口同音に「国債販売」という回答が返ってきました。

図表19－1　郵政官署における国債等の募集の取扱い等に関する法律案

（目的）

第一条　この法律は、郵政官署において国債等の募集の取扱い等を行うことによって、国民の健全な財産形成及び個人による国債等の所有の促進を図り、以て、国民生活の向上と国民経済の発展に寄与することを目的とする。

（定義）

第二条　この法律において「国債等」とは、国債、地方債並びに政府が元本の償還及び利息の支払について保証している社債その他の債券をいう。

（業務の範囲）

第三条　郵政大臣は、この法律の定めるところにより、国債等に係る次の業務を行う。

一　募集の取扱い

二　証券の保護預り

三　元利金の支払に関する事務

四　買取り

五　担保貸付け

2　郵政大臣は、前項各号に掲げる業務のほか、これらに附帯する業務を行うことができる。

～中略～

（貸付期間及び利率）

第十四条　第十二条の規定による（※国債等を担保とする）貸付金の貸付期間は郵政省令で、その利率は政令で定める。

※は筆者の加筆

エピソード
20

マスメディアを賑わせた国債定額貯金

国債証券の現物をご覧になられたことのある方ならおわかりになると思うのですが、証券には利札がついています。その利札と引き換えに利金を受け取ることができることとされていたのですが、今では預金口座への振込を前提とすることとされており、証券の発行という行為自体が省略されています。「国債定額貯金」というのは、その利金を定額貯金に振り込む組み合わせ商品です。当時、郵便貯金では通常貯金と定期性預貯金との間のオートスウィングサービスを提供していたため、改めてサービス改善といえるほどの「売り」ではありませんでした。にもかかわらず、国債定額貯金が、メディアで大騒ぎになった背景には、民間金融機関のイコール・フッティングに基づく要望を受け「定額貯金の商品性見直し」が議論され始めていた時期であったこと、また、郵貯においても原則非課税から原則課税への移行後初めての新商品であり、現場の期待が大きかったこと等事情は色々推測できます。ただ、メディアで「有利」と報道されることは営業上プラスになるものなので、これをあえて打ち消す必要はありませんでした。

国債定額貯金の交渉では大蔵省の担当者から「大蔵省への出入り禁止発言」まで飛び出し、普段の交渉では滅多に見られないエキサイトした場面もありました。繰り返しになりますが、大蔵省が騒いでくれることは、商品のマーケティング的にはいわゆる「饅頭が怖い」構図に当たるため、先鋭的な対応はしないこととしました。

エピソード 21

政令決定の前に突如現れた高い壁

国債販売法は、①単に郵便局で国債等を販売できるということだけでなく、より売れるようにするために、②郵便局で販売した国債証券の保護預かり、③郵便局で販売した国債証券の買取、④郵便局で販売した国債を担保とした貸付をも実施できることとなっており、また、⑤下位法令への委任にあたっては、権限と責任を明確にしておく観点から原則、「郵政省令への委任」とすることを大蔵省との間で整理しました。

ただ、国債担保貸付については判断を誤りました。具体的には国債担保貸付の利率は担保とする国債の利率+○・○○%とすることから、頻繁に改正する必要もないので、政令委任で足りると考え、民間金融機関の実勢を踏まえ「+一・七%」を採用したことです。この考え方で各方面の根回しも終わり、行けると踏んでいました。

ところが、閣議前日の朝、登庁すると係長が大慌てで飛んできました。「事務次官室からお呼びです。課長か補佐以上とのことです」。課長の姿がまだ見えないため、私一人で次官室に入りました。

澤田茂生次官「例の国債を担保にして貸し付けるときの利率、あれは高すぎる」

私「国債担保貸付の利率を定める政令に従い、当方の貸付事務コスト、民間金融機関の実勢等を見て総合的に判断した結果、今般は「国債の利率＋一・七％」としたものです」

次官「その結論が高すぎると言っている」

私「次官！　今日が次官会議、明日の閣議での了承を予定しております。そのスケジュールについては文書課からご説明のうえ、ご了解をいただいているものと承知しておりますが」

次官「郵貯の貸付金利は、ゆうゆうローンのときに議論したように「＋〇・二五％」しかない。課長の安岡君にも言っておいてくれ」

私「わかりました。明日の閣議案件からは落としておきます。改めてお時間を頂戴させていただきます」

そして二週間後。

私「次官、政令が明日の閣議に掛ります。国債担保貸付の利率は、民間は「国債の利率＋

一・七%」です。当方は、経験がなく不慣れなこと、インフラも十分整っていないなかでの船出となりますので＋〇・二五%ではコストを賄えません。ほかにも安全を見て＋一・七%とする理由としては……」

次官 「納得できない！　今日も反対する！　何度も言うように、郵貯の貸付金利は＋〇・二五%しかないのだ」（と言って席を立とうとします）

安岡課長 「ご指摘は肝に銘じておきますので、（＋一・七%で）やらせてください」

私 「（次官の表情は厳しいままなので、これはまずいと思い、椅子から降りて床に土下座するような恰好で額をテーブルにぶつけるような形で）次官！　今日のご指摘は私も肝に銘じました。必ず取り返して、政令を改正し、報告に参りますので。他各省庁とはすでにセット済みで迷惑をかけるわけにはいきません」（と泣きを入れる）

安岡 「肝に銘じておきます」（と言いつつ右の脇腹を叩く）

次官 「今のやりとり、肝に銘じておく（笑）」

と、なんとか拝み倒させていただきました。

このエピソードは、他省庁の次官に「待った」をかけられたというのであれば、あり得る話ですが、自分が籍を置く役所の次官からとなると官僚としては「恥ずかしい」を通り越して「失格」「切腹」ものレベルの話であります。それなのに、このとき、私は心のどこかに「嬉しさ」を感じていました。見栄や外聞よりも預金者の利益を大事にするとはこういうことだと澤田次官は身をもって教えてくれたのかもしれない、という気がしたのです。私が、貯金局配属前の事案ですが、貯金担保貸付（ゆうゆうローン）を巡る澤田貯金局長（当時）の発言（※）がよみがえってくるような気がしました。

※　郵貯VS大蔵省・民間金融機関一〇〇年戦争の文脈において、澤田貯金局長は、民間金融機関をベニスの商人に登場する金貸しシャイロックになぞらえて批判・反論していました。

エピソード 22

日銀との実務交渉秘話

郵便局の窓口での国債販売に向けては、実際にお金のやりとりをする日銀と実務的な交渉も必要でした。我が方の国債販売プロジェクトチームも法案作成担当中心から実務担当にメンバーを入れ替えて日銀との間で業務フローを整理しました。ところが、部下の一人が一週間、二週間、三週間と交渉を重ねるうちに顔色が悪くなっていきます。「どこか体調が悪いのではないか？」と尋ねると、「実は日銀から質問を受けた際に間違った回答をしてしまった。気がついた時すぐに訂正すればよかったのだが、大した問題ではないと思い、そのままにしてしまい、故意ではないけれど、結果的に嘘の上塗りになってしまった。今日午後の打合せでそこが焦点となりそうで、日銀は郵政省の不誠実さを問題にすると言っているらしい。そうなったら、お世話になった方々へ申し訳ない。生きていけない」。

私はそれを聞いて驚きましたが、郵政、日銀ともにスタッフは疲労困憊状態にあるため、

日銀本店

（出所） 日銀HP

国債販売のスケジュール変更は何としても避けたいし、そもそもすでに政府でセット済というので今さらそんなことはできません。ここは何とか日銀を説得するしかないと私は思い、「よし、俺に任せておけ。俺が日銀との間で何を喋ろうと、動揺せずにじっと耐えてくれ」とだけ指示をして日銀に向かいました。打合せは、二対二で始まり、案の定、日銀は「あなたは嘘をついていたのではないか」と紳士的な物言いですが理詰めで部下を詰めてきました。

その時です。私は「え！ そん

なことがあったのか。日銀さんがおっしゃっていることは本当なのか？」と自分自身でもあんな演技ができるのかと思うくらいの大きな声で、しかも、あたかも初めて耳にして驚いたかのような声色で「どうしてそんな嘘を吐くんだ。これまで日銀さんとの間では信頼関係をもち、隠しっこなしでやってきたじゃないか。申し訳ないと思うのならば、今すぐそこの窓から、飛び降りろ！」と言って、窓を指さしました。

吃驚（びっくり）したのは日銀の二人です。慌てて、「勝野さん、私たちはそんなこと（窓から飛び降りろなんて）まで言っていません。この件はもうこれ以上触れません」ということで、議論は次の問題点に移りました。部下は残りの時間をいつものペースで交渉することができました。

交渉が終わった後、二人で日銀近くの赤ちょうちんで一杯。私が「いきなり大声出して悪かったね。でもね、時間もないなかで決着させるには、タイミング的にもああするしかなかった。それはわかってください」と謝ると部下は「……わかっています」と言ってくれ、その眼には光るものがありました。

今思えば、いくら上司とはいえ、年下の私から交渉相手の前で怒鳴りつけられることをよしとする人はいないはずです。あのときはあの解決法しかなかったと今でも思っていますが、部下には事前に耳打ちもせずひどいことをしたな、さぞかし私を恨んでいるだろうなとずっと気になっていました。このエピソードを本書で紹介するにあたり、あのときのことをもう一度本人に理解してもらおうと思い、連絡をとってみました。すると彼は当時のことを文章にして送ってきてくれました。

「日銀との実務交渉は約三五年前のエピソードなので、今となっては記憶も不確かな点が多くありますが、国債販売チームの一員だったあの二年間は、私の四五年間の郵政人生のなかでも、肉体的にも精神的にも過酷な、地獄のような一時代だったなあと懐かしく思い出しています。

当時日銀との交渉で私の説明の何が具体的に不誠実と言われたのか正確に思い出せないのですが、郵便局で国債販売を実施するためには、先発の民間銀行が実施している日本銀行の「国債振替決済制度に関する規則」「国債証券の保護預かり規定兼振替決済口座管理規定」等が順守できる実施体制がサービス開始前までに完備できているかどうかが焦点でした。法律は可決成立していましたが、政令は当然ですが、各種省令も他省庁との共管等が多く、各省庁との法令協議も大変で徹夜・徹夜の連続でした。

また、郵便局、貯金事務センター、郵政局等での具体的な実施インフラ構築は着手したばかりでした。この郵貯の国債販売システムの構築完成が、日銀の振替決済口座が利用できるかどうかの分岐点、すなわち郵便局での国債販売が開始できるかどうかの最重要ポイントだったわけです。

郵貯システムは民間銀行と異なり、取扱店数（郵便局数）も桁違いに多く、また計算センター数も当時は全国九センターだったため、販売額の総額管理（募集引受額の超過防止）一つとっても簡単ではありませんでした。そこで、開始時期に間に合わせるため、日銀の振替決済口座が利用できる最低条件をクリアできる暫定システムを構築して乗り切ることとしたわけです。

日銀から交渉過程で不誠実と思われたのは、おそらく将来構想の恒久システムで説明した部分があり、誤解を与えたからだと思われます。

当時はだれにも相談できず悩んでいたのでしょう。それを見かねた勝野さんが、あの日素晴らしい大芝居・名演技で一挙に解決してくれました。それからは日銀のカウンターパートが非常に好意的になり、その後の日銀との各種手続きについて積極的にアドバイスをしてくれるようになり、交渉はスムーズに進み、振替決済口座が利用できることとなりました。

勝野さんからは、その日の交渉を終えてから日銀近くの赤ちょうちんにお誘いしていただき、やさしく真意を説明いただき、嬉し涙と自分のふがいなさに悔し涙を流したことを覚えています。

勝野さんも大変つらい思いをされたのではないかと推察しております。あれで私は大変な苦しみから脱出することができました。本当にありがとうございました。心から感謝しております。

その後も、勝野さんからは言葉に言い尽くせないほどのご薫陶を賜りましたご恩を一生忘れません」

（令和五年一月）

エピソード 23

小口MMC

国債販売案件が一段落し、中断していた小口預貯金金利自由化交渉がいよいよ再開することになりました。完全自由化までの過渡期の措置として、市場金利連動型預貯金を導入することは、すでに大蔵省とも話がついています。官民共通のマーケットの指標をベースに共通の商品性でスタートすることになっていました。

ところが「完全自由化のときにはどうなるのか？　誰がどのように金利を決めるのか？」が論点になりました。郵政省の立場としては「『自由化』なんだから、それぞれの金融機関が自由に決めるのが当然」。これに対して民間金融機関は「郵貯が自由に決めたら、めちゃくちゃな金利をつける。国の信用を背景にアンフェアな金利になるので、郵貯についてはルールが必要だ」と主張し、話はなかなかまとまりません。また、民間金融機関の業態ごとの状況も微妙に違っていて、都市銀行等は自由化そのものに反対とは絶対に言わないが郵貯問題を前面に出す。農協はただでさえ経営が危ないのに金利が上がったら苦しいので本当は自由化したくない。郵貯は定額貯金の金利を自由化することが国民のためになると考えている。そんな具合で、預金者からみれば、郵貯が自由化推進の一番先頭にいて農協が最後尾にいるといった構図でした。「バランスをとりたがる大蔵省は、郵貯と農協を足して二で割ったあたりが落としどころと考えているのかもしれない」などと推理がわいてきました。

エピソード 24

金利自由化交渉秘話

交渉に「極意」というものがあるとすれば、合気道の「表技」と「裏技」の使い分けのようなものだと思います。相手の主張を正面から受け止め、それに対し「あるべき姿、理念を高く掲げ、押せるところまで押し込んでいく」のが表技です。一方、裏技は交渉当事者間に横たわる大小のあらゆる懸案事項を洗い出し、土俵を広げる作業を続けることです。金利自由化交渉における表技は「預金者利益のために、定額貯金の自由化を」という錦の御旗でもありました。

交渉相手の大蔵省は、いつでも、どのような状況でも交渉に対応できるよう、平澤貞昭銀行局長、千野忠男銀行局審議官、高橋厚男銀行局総務課長、中井省銀行局金融市場室長という当時「史上最強」といわれた布陣を敷いていました。これに対し、郵政本省側の体制は、森本哲夫貯金局長、山口憲美貯金局次長、安岡裕幸貯金局経営企画課長。そして、金融自由化〃対策〃室から金融自由化〃推進〃室へと看板を掛け変えた田中博室長・田中進室長補佐のダブル田中コンビ。私は金利自由化交渉の第一線（表技担当）からは少し外れた形をとり、経営企画課の課長補佐として、全体戦略を担当することになりました。

といっても、やることがそんなにすぐに変わるわけではありません。郵貯にとって最も大事なのは定額貯金。攻めるにしても守るにしても、いかにしてその魅力をより引き出していくかということに尽きます。その頃の私の発言は、大体次のようなトーンになっていたように思います。「定額貯金の金利自由化、それ一本で押すべきだ。それ以外の妥協はしてはいけない」。金融自由化推進室のダブル田中さんはやりにくかったと思います。

ちょうどその頃、農林中央金庫に勤めている知人が頻繁に来省するようになりました。郵貯の金利完全自由化のスタンスを探りに来た感じでした。私は「郵貯は、預金者利益確保のためなら、大蔵省とも徹底的に戦う。郵貯と農協、立場は違うが、農協も納得いかないのだったら納得いくまで戦うべき」と激励しました。知人は「郵貯と大蔵省との交渉はそう簡単には決着しそうにない」と受け取ると安堵の表情を浮かべて帰って行ったように思います。

案の定、大蔵省は民間金融業界をまとめるのがたやすいことではないことを理解したようで、二進も三進もいかなくなることだけは回避したいと考えるに至ったと思います。そんななか、ある土曜日の朝、「新宿の喫茶店で会いたい」とナカイと名乗る人から電話がかかってきました。指定の喫茶店に行くと、そこで待っていたのは大蔵省銀行局金融市場室長の中井省さんでした。

中井氏　「郵貯はどこまで本気で定額貯金の金利自由化をやる気なのか。大蔵省の立場も考えてみてくれ。農協系統金融機関が反対の動きを見せているので、こじれるとその修復に莫大なエネルギーが必要になる。郵貯がもう少し現実的な対応をしてくれなくては話の進めようがない」

私　「我々は、本音・建前の別なく、預金者の利益確保のため、定額貯金の金利自由化をやりたい。我々の目指しているところはこれに尽きます」「ところで、今日、このような場へ私を呼び出したのは、「膠着状態にある自由化交渉の局面打開のため」と理解しますが、的外れなら指摘してください」

中井氏　「今日ここに貴兄を呼び出した理由をどのようにお受け取りになろうとご自由である。ただ、貴兄を選んだのは、私が知る郵政省の人間で一番信頼感のあるのが貴兄だったから。そのことは、駆け引きなしの本音として受け止めておいてほしい」

私　「それでは、郵貯の現場の実態から申し上げます。先の非課税制度見直し以来、郵便局の現場には敗北感と本省に対する不信感が渦巻いています」

中井氏　「国債販売や自主運用のほかに、預入限度額が三〇〇万円から五〇〇万円に引き上げられたのだから、いい感じの決着だったのではないのか」

私　「自主運用は、当面、本省の一部の人間の勉強道具だし、国債販売は意義あることだが現場では勉強、勉強で大変な状況。現場にとっては、限度額が唯一の評価材料だということが大蔵省側に理解されていない。郵便局の現場では利子課税が同じになったのだから限度額は撤廃されるべきというのが圧倒的多数意見です」

中井氏　「金利自由化交渉に絡めて、限度額の引上げを実現しようとの戦略か」

私　「それは違います。まず、限度額引上げのほかにもお願いすることはたくさん用意してあります。ただ、郵貯が一番苦しいのは、利子が原則課税されることになったのに、限度額が三〇〇万円から五〇〇万円までしか引き上げられなかったということ。これでは現場が治まりません」

中井氏　「限度額に対する郵便局の現場のプライオリティーが我々の想像以上に高いという実態は理解した。五〇〇万円から一〇〇〇万円への引上げを一気にやるか、二段階でやるか」

私　「二段階というのは、「まずは七五〇万円、次に一〇〇〇万円」ということですか」

中井氏　「二段階といっても、二段階目があることは予め明らかにしておくものではない。二段階目があることは交渉当事者の腹の内に収めておかなければ、情報が漏れた段階で全銀協等の反発が強まることが予想される。それは避けたい。限度額引上げの二段階目があるということを予想させにくいという意味では七五〇万円より七〇〇万円のほうがいいのではないか。一〇年前の高金利定額貯金の満期金受入れのために限度額七〇〇万円への引上げが必要との理由で」

私　「貴兄も私も組織人。我々二人でこの場で合意した事項も、それぞれの組織に持ち帰って梯子を外されたのではかえって混乱します。そうならないよう、内容を覚書に整理するということでよろしいですか」

中井氏　「まずは、私を信じてもらうしかない。『七〇〇万円でいったん一区切りとして、一〇〇〇万円以下の小口預金の金利が自由化される際に限度額を一〇〇〇万円に引き上げる』という覚書を書く。もし約束と違うということになれば、それをオープンにしてもらえばいい」

私　「その覚書のなかに「国家公務員の給与の郵貯口座への振込」や「為替振替法の改正」についても触れさせてください。覚書の原案は私のほうで作成しますが、表現修正については留保していただいてかまいませんから」

中井氏　「覚書原案作成の際、上司への振り付けについても視野に入れておいてもらいたい」

以上の内容を整理しメモにまとめ、双方ポケットに入れて帰ることとしました。

その後、郵政省貯金局の安岡経営企画課長と、大蔵省銀行局の高橋総務課長のお二人による交渉の場を用意しました。交渉の席に着くにあたり、「話はまとまらなくてもいいですから最低三時間程度はお互い席から立たず、交渉が難航しているという雰囲気を周囲に醸し出すようにしてください」との振り付けは忘れませんでした。そうしたら二人とも、堂に入ったもので、四時間近く座りっぱなしだったそうです。安岡さんは「勝野君、座り賃をもらえるかな」と言いながら、丸めた大学ノートで首筋を軽く叩きながら帰って来られました。私も「バランスシート上、前回出し過ぎた分を大蔵省から返してもらわなくてはいけませんから（笑）」と軽口をたたきながらお迎えしました。

こうした経過を経て、大蔵省との金利自由化交渉は、正規のラインが表技を演じ、サポートラインが裏技を担当し、交渉の成果は預金者に還元するという好循環の軌道に入っていきました。

大蔵省と交渉のポイントは、

① 交渉の手の内を相手に見せないのはもちろんのこと、わからないようにしておく。

② そのためには身内にもわからないようにしておくことが必要なときがあるが、その場合にも少なくとも事後的には意思疎通を十分に図り、反省点などお互いに意見交換をしておくべきである。

③ 交渉では、「日（陽）の高さ」に応じた「入り身」勘が必要だが、その際の最大の敵は「疑心暗鬼」。それから脱するためには平素からの信頼感醸成。そして、最後は、単騎乗り込んできた交渉相手を守り抜いてやろうという俠気ではなかろうか。

エピソード
25

郵便貯金の機能を巡る神学論争

郵便貯金には「送金決済機能」がありません。機能としてあるのは「預入れ」と「払戻し」の二つだけです。送金決済機能は、郵便振替法に規定があり、具体的には「口座に対する払込、口座からの払出、口座間での振替」と定められています。貯金と送金の機能を区別し、それぞれ別の法律によって規定されているわけです。

この考え方に対しては、「郵便振替法においては、振替口座の残高に対して付利することが認められていた時代があり、必ずしも、送金と貯金の機能分離が徹底されていたわけではない」との反論や「民間の預金においても、その基本的性格は民法の消費寄託に置くとするとされているだけであり、詳細は約款等に委ねられていることから、議論自体には政策論争以上の意味があるわけではない」といった冷めた見方も存在していました。

エピソード 26

ぱるる総合通帳の誕生

　こうした神学論争が続いているなか、貯金局においては、「預金者あるいは利用者の実益になるサービス改善をなんとか図りたい。そのためには、振替口座の申込書と郵便貯金の申込書を複写式にして一本化してはどうか」という検討が密かに行われていました。

　そこで最大の問題となったのは、郵便振替口座の開設手数料が法律で定められていたことです。口座開設手数料を無料にする、あるいは有料徴収規定を撤廃するためには、大蔵省に理由を説明する必要がありましたが、そのときは色々と問い質されるのは目に見えていました。そのときに「預金者利益のため」と本音で答えると「民業圧迫」として反対されてしまうので、その匙加減が難しいのです。半ば諦めていた法律改正でしたが、原則非課税から原則課税への利子課税制度変更に伴う現場に充満する本省批判や預金者の声が追い風となり、郵便振替法の口座開設料徴収規定を削除することができて、「ぱるる総合通帳」の誕生につ

郵便振替法の改正で誕生した「ぱるる総合通帳」

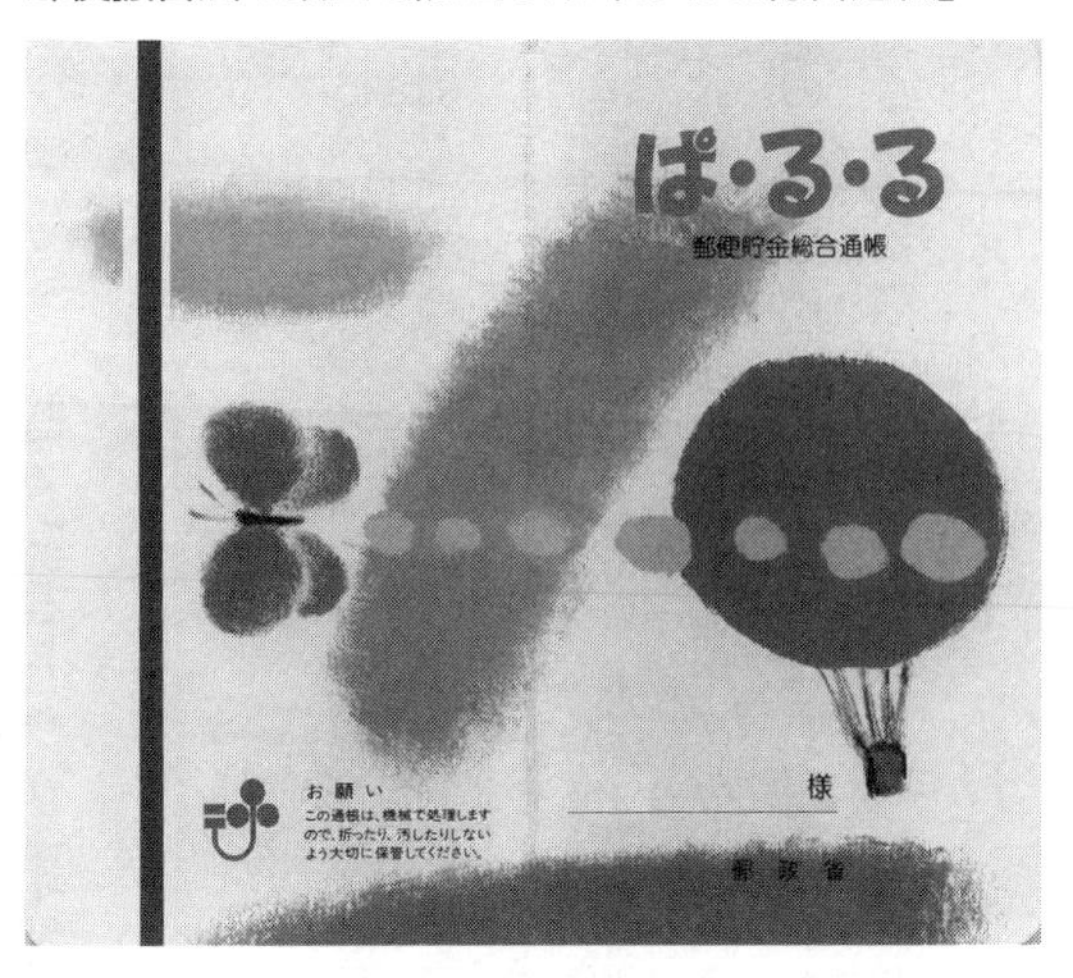

ながりました。

残された問題は「いつからやるか？ どういう営業政策をとるか？」ということでしたが、最初からメディアによる華々しい宣伝計画を携えてドカーンと説明をしに行くよりも、小さく産んで時間をかけてじっくり育て、気がついたらある程度実績が大きくなり、もう後戻りはできませんよという営業戦略のほうが、大蔵省も納得しやすいのではないかと配慮し、静かな船出となりました。

エピソード 27

職員教育への取組み――「鉄人」と言われた男

当時の貯金局のメンバーは、負けん気の強い者が多かったように記憶しています。国債販売を通じて初めて債券というものを取り扱う一方で、自主運用がスタートする。大蔵省に対しても生意気ながら色々と意見や提言をぶつけ、対等の立場で覚書を結び交渉を勝ち取ってくる。そうしたことをやる以上は自分自身の中身もしっかりしなければならないという使命感、義務感、責任感の強い連中がたくさんいました。

その貯金局に「鉄人」と呼ばれた男がいたのをご存知でしょうか。大蔵省の研究会レポートにも異議を唱えて修正意見を反映させたり、国際協力活動に取り組んでいる一五〇を超えるNGO全てと対話をしたり、小口MMCの商品性について銀行業界と堂々と渡り合い、そして最後は自らの胃を三分の二切除しながら、研修・資格認定制度を構築し人材育成に心血を注いだ冨田三千穂さんです。

研修・資格認定制度の構築にあたっては、ファイナンシャルアドバイザーやファイナンシャルプランナーといった世の中に通用する資格を身につけることが重要であるので、そのための通信教育制度と資格認定制度をつくろう、どうせ新しくつくるのならば、簡易保険と一緒に「ファイナンス＋インシュアランス」の観点から、銀行や生保会社が追随できないような凄いものをつくろうと簡易保険局に投げ掛けました。ところが、簡易保険局から返ってきたのはすでに半年前から制度創設に着手しているので「共同制作は手遅れ」との冷たい回答。

それを聞いて怒ったのが、彼の鉄人です。「よし、それなら、通信教育は、上級・中級・初級の三段階、資格認定試験を一級・二級・三級の三段階とし、開始時期も簡保よりも早くスタートさせよう！」といきなりエンジン全開で、その勢いのまま平成二年六月二〇日、『郵便貯金FA（ファイナンシャルアドバイザー）通信講座』が開講することとなりました。通信教育の初級講座には全国から二万人近くが応募したようで、当時の郵政省幹部のなかでも話題になったと記憶しています。その後、資格認定制度は、国家資格のファイナンシャルプランナー（FP）検定の試験実施団体である金融財政事情研究会と協議を重ねて一本化して集大成しました。

鉄人は私が一目も二目も置く畏友でした。彼は先年他界されました。ご冥福を心からお祈り申し上げます。

記者懇談会（令和四年夏）

――勝野さんは、新入職員が配属されてきたときに、霞が関ビルの屋上展望台によく連れていったという話を聞きました。その目的や狙いについて教えてください。

例えば、年明けからゴールデンウィーク明けくらいまで法令協議の山場が続きますが、その頃になると、他の省庁からの電話などがたくさんかかってきます。これらの電話への対応や照会への回答づくりは、まず新人にやってもらうのですが、各省庁の配置図と組織図が頭に入っていると、そうした実務をスムーズに行うことができます。また、我々中央官庁の職員は世界の動きに敏感で広い視野をもって政策判断をしていく必要があります。例えば、規制緩和に伴って増えるであろう業際問題へ効率よく対応していくためには「省庁連携」が重要な手段の一つになってきます。こういったことを諸々考えると、霞が関ビルの屋上展望台から中央官庁街を眺望することが、自分が携わっている案件に関係する省庁はどことどこかと考える思考回路につながると思うのです。

霞が関各省庁の配置

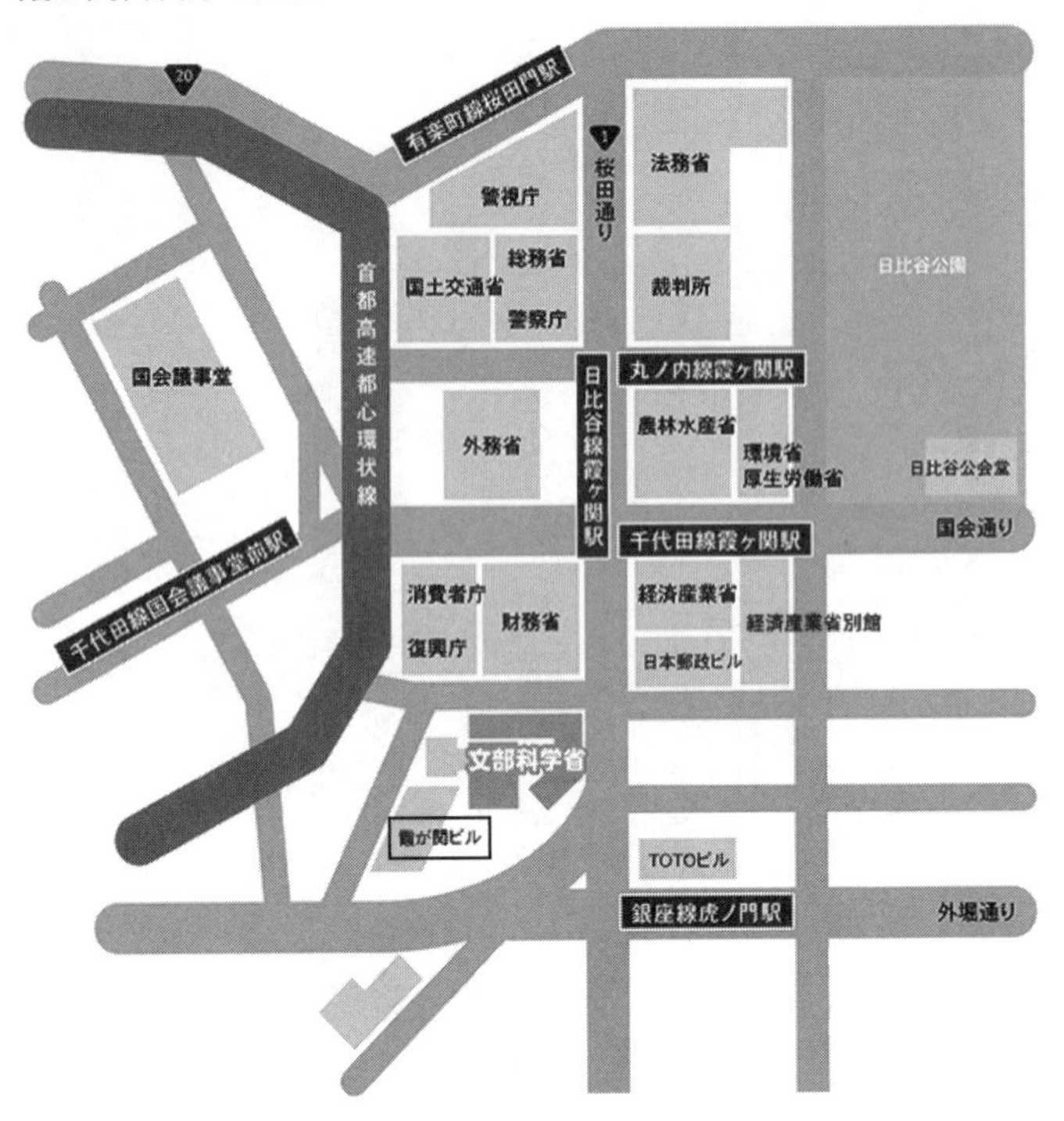

(出所) 日本郵政が大手町へ移転する前の文部科学省のHPより

国会議事堂と霞が関中央官庁街

――勝野さんは、霞が関の中央官庁街の配置から、郵政省こそ日本の自由かつ平和な民主主義体制を率先して守りぬいてきた役所であると考え、そのプライドの伝承に力を入れていらっしゃるようですが、後世に語り継ぐためにも是非一度お考えをお聞かせください。

私が郵政省に入省したのは、スト権スト（昭和五〇年）と反マル生年賀状越年闘争（昭和五三年年末～五四年年始）の間ですし、労務の大先輩（故高本康夫氏（※1）、平勝典氏（※2））からの受け売りにすぎないとの前提でお聞きください。霞が関ビルの屋上展望台から中央官庁街を見下ろすと、皇居の桜田門側に警察庁・警視庁があり、虎ノ門側の官庁街の入り口に旧郵政省がありました。世界情勢としては、米ソの対立（冷戦）がまだ続いており、その動きは、国内の政治、経済にも色濃く影響する時代でありました。国内の社会情勢としては昭和四〇年台後半のオイルショックとそれに伴う狂乱物価、国鉄の赤字・民営化問題、所得格差等を巡る報道が次第にエスカレートし始めます。霞が関や永田町で気勢を上げるデモ隊の数も参加人数も増え、機動隊との衝突、大音量のシュプレヒコールでその周辺では仕事もできなくなる。テレビのスイッチを入れると「労使トップ交渉」と称して、労働界のトップと内閣総理大臣との差しでの交渉模様の映像が目に飛び込んでくる。「あれ?労使交渉の「使」とは「経営側」のはず。となると、経営側の代表である財界トップと交渉するのが筋じゃないのかな?」と首を傾げつつも、「それだけ、「使」側が追い込まれているということなんだな」と「革命前夜」の臭いを感じ取っていた人も少なくなかったことでしょう。

そういう流れのなかでむかえた昭和五三年末の反マル生年賀状越年闘争でしたから、郵政労使にとっては、四囲の注目を集める正念場であり、我が国の自由・平和・民主主義という体制を左右するとの覚悟を持って交渉にあたった日々だったと思います。ここまでお聞きいただければ、我が国の自由・平和・民主主義という体制を守ってきたのは(警察と)郵政であるという主張にも理解を示していただけるのではないかと思います。

※1　故・高本康夫氏　郵政分野に限らず、国鉄等戦後の労働運動界全般において大きな影響力を発揮し、郵政省にあっては、労働関係を専門的に処理するラインを係長から地方長官まで務めた方です。昭和五四年一月四日に公労委へ仲裁裁定申請書を提出するギリギリの所（≒負けたと思ったその瞬間）まで粘った交渉は語り継がれています。

※2　平勝典氏　高本康夫氏の後任として郵政労使関係を捌き、剣道七段の腕前であることから「寝技の高本に対して、立ち技の平」との定評があり、八二歳の今でも武道の鍛錬は日課となっているそうです。

筆者が入省一年目の時、最初に配属された郵政省人事局管理課労働係の係長が平さん、課長補佐が高本さんでした。

――私も同じ世代ですのでわかるような気がします。

私は今の話を相手かまわず見境なく吹っ掛けているわけではありません。語り継いでいるのは郵政の後輩に対してです。「あなた方の先輩たちは、自由と平和と民主主義を守るためにプライドをかけてきた。自分たちの仕事に誇りを持っている人達がたくさんいる」。そのことを新人に話しています。

――スト権ストの体験は大きいですね。

それを挟むマル生と反マル生の時代を経験したかどうかは大きいですね。理屈ではありません。思いの伝承です。思いの伝承であればこそ、郵政が民営化された後も、また、本社が霞が関から大手町へ移転した後も、この話は続けていけるのではないかと思います し、続けていかなければならないと思います。

——最後に、一つ。新人に書類を官邸や議員会館に届けさせるときに、「時間があったら、トイレに寄ってこいよ」ということをサラリとアドバイスされると耳にしたことがありま す。どういう趣旨なのでしょうか？ 場合によっては勘違いされたりすることはないので しょうか？

官邸や議員会館というところは、資料をお届けに行くだけでも非常に緊張する場所なの ですよね。私のような小心者にとっては何度行っても非常にドキドキします。しかし、一 度トイレを利用させていただくと、不思議とそれ以降は親近感を覚えてドキドキしなくな るんですね。個人差はあるでしょうが「小より大のほうが緊張ほぐし効果が大きい」とい うのが個人的感想です。また、「(官邸は) 全か所制覇」とか、「衆議院第一議員会館の〇 階のトイレは行きつけ」といった感じで仕事をする。健康管理上も大切なことです。決し て変な趣味があるわけではありませんので、誤解なきようお願いします (笑)。

エピソード
28

国際ボランティア貯金

金利自由化対応が一段落したところで、次に貯金局で取り組んだのは国際ボランティア貯金の育成でした。

国際ボランティア貯金は、通常郵便貯金の利子の二割を国（郵政省）へ寄付していただき、それをＮＧＯ（Non Governmental Organization 非政府組織）に活用してもらい草の根レベルの国際協力の充実を図り、開発途上地域の民生の安定に役立てようという郵便局の全く新しい金融商品でした。郵便貯金を巡っては、小口預貯

NGOが注目を集めるきっかけとなった
国際ボランティア貯金（通帳）

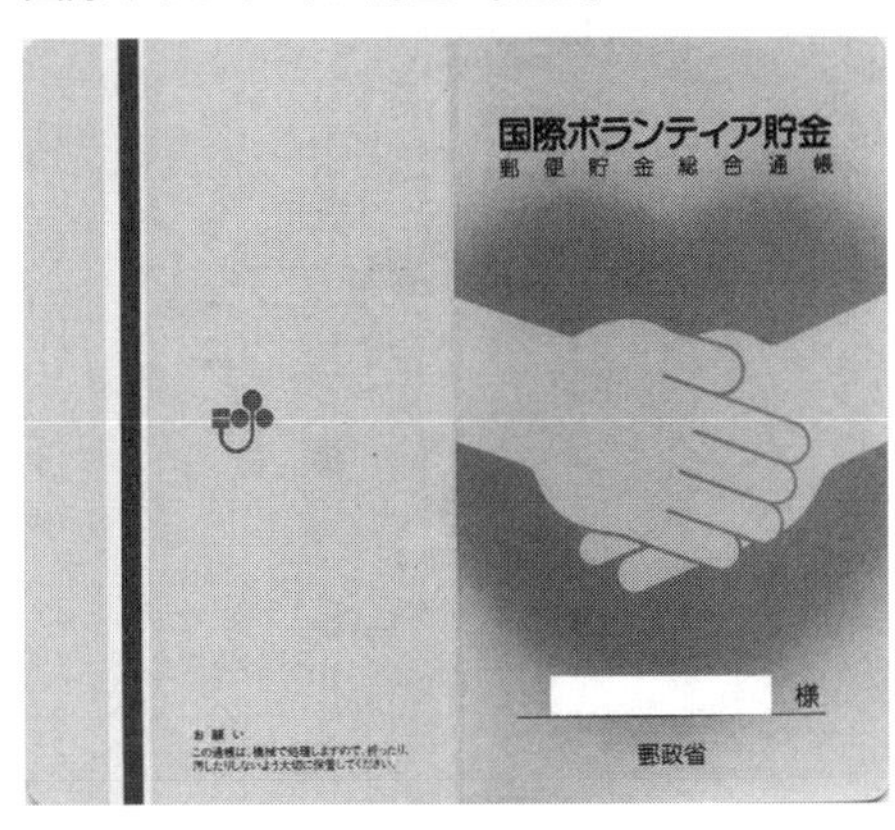

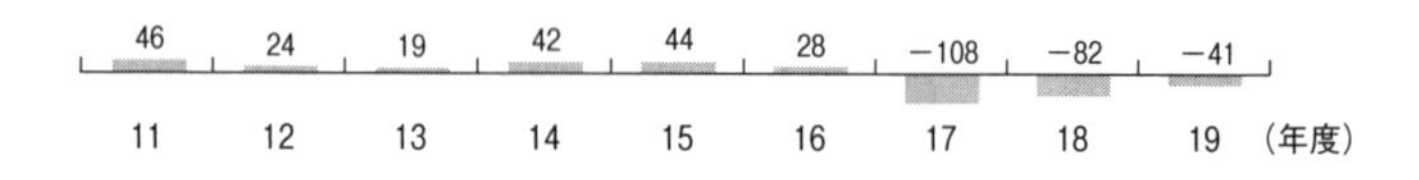

金金利の自由化、金融自由化対策資金の創設、預入限度額の引上げ、郵便貯金口座への国家公務員の給与振込、国債販売、国債定額貯金など民間金融機関に刺激的な話題を提供しすぎたきらいがありました。そこで、すでに神経過敏状態にあった地域金融機関等をさらに刺激することを回避するため「目を海外に向けよう」という作戦をとったわけですが、狙いもタイミングもドン・ピシャ。「目を向ける」どころか、これまでスポットライトを浴びることのなかったＮＧＯが注目されだし、さ

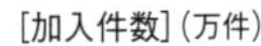
図表28－1　国際ボランティア貯金の配分団体等の申請と審査結果

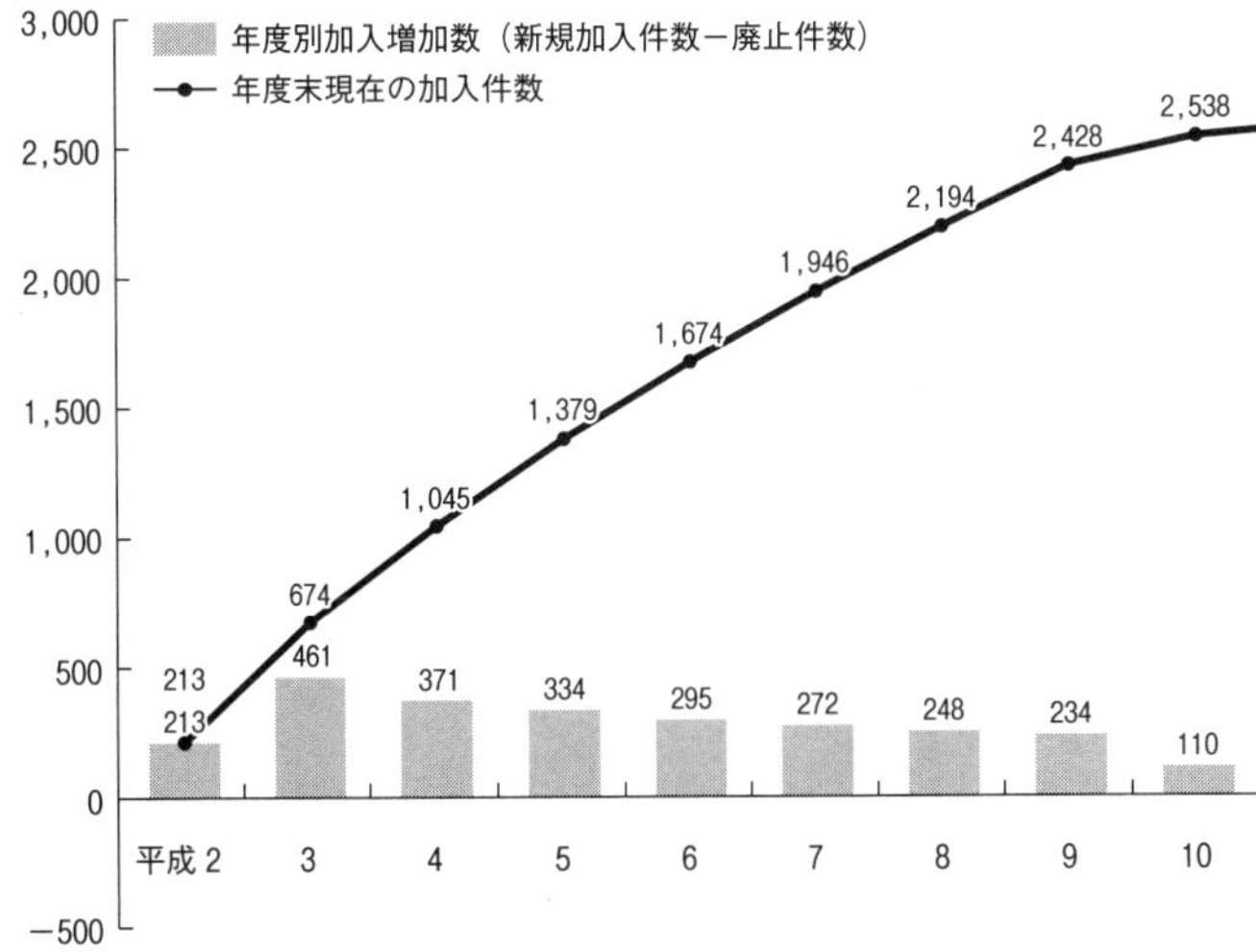

（出所）　総務省「国際ボランティア貯金に係る配分団体等の申請　概要及び審査結果について」平成20年3月12日

らに、誤解を恐れずに申し上げれば、それまで「胡散臭い」「信用できない」と勘ちがいされがちだったNGOという組織が国際ボランティア貯金のおかげで社会から評価されるようになりました。「非政府組織」ではあるが「反政府組織」ではない、という正しい理解が急速に広まったことに対して、NGOの連絡協議体であるNGO活動推進センター（現NPO法人国際協力NGOセンター）からも大変な感謝をされ、「NGO」や「ボランティア」はブームにまでなりました。

図表28－2　ボランティアとは何か
～筆者によるNGO関係者へのヒアリング等結果

1　心意気
2　志願
3　奉仕作業者
4　無報酬で神と人のために奉仕すること
5　身の回り、社会、世界の状況を自ら判断し、自己能力と可能性に照らし、進んで役割を担うこと
6　協力、創造、自己変革、社会変革の機会
7　「自発性」「自己提供」「博愛性」「無報酬制」「先見性（未来志向）」「世界性（地球的視野）」
8　「生活に余裕ができたら」「今、○○をしているから」「私のほうが何かしてもらいたいくらいだ」⇔「人間満ち足りることはない。万一、そういうことがあったら、もう、その人はボランティア活動などしないだろう」
9　地球の人口の20％しか住んでいない先進国が、世界のエネルギーの70％、食料の60％を消費しているということに目を向けてみると、私たちがグルメブームに酔い、美食と飽食に明け暮れているとき、食料も無く、栄養失調や飢えで病気になったり、また死んでいく人たちもいることに思いをはせるという気遣いが必要である。
10　ボランティアは、公徳心や正義感から始まるというより、好奇心や共感から始まる。
11　ボランティアは、我慢してするより、我慢できないからする。
12　ボランティアが役所のサービスを超越しているところは、公平にしなくてもよいということ
13　「ボランティアだからできません」ではなく、「私にはできません」
14　ボランティアは、WILLの世界。
15　情けは人の為ならず。
16　忘己利他

（出所）　筆者ヒアリング等取りまとめ結果

図表28－3　国際ボランティア貯金制度に対する評価
～三菱UFJリサーチ＆コンサルティング
（総務省受託調査）

★プラス評価
・特に制度創設期には国際ボランティアNGO団体の活動、育成に大きく貢献
・多くの事業において課題が解決され、成果の実現に貢献、日本に対する好感も醸成
・我が国ODAでは行き渡らない国・地域への支援に大きく寄与
・広く国民におけるボランティア意識の普及・啓発にも貢献
★国際ボランティア貯金制度の教訓
・利子率の変動、それに伴う申請条件の変更等により、結果的に配分金が大きく変動し、NGO側が事業見通しを立てにくい場合があった
・民営化の影響を大きく受け、当初設計とは大きく異なる制度・運用に変質。他の助成制度の進展もあいまって、固有の存在意義は縮小
・運営側である総務省・機構と、NGO団体の双方が一体で協議・検討できる制度・スキームの不在

（出所）　総務省HP

と同時に、郵政省の組織内でも不思議なことが起きました。「この仕組みの発案者は私です」「私がこの商品をつくりました」と創設者を名乗る人間がざっと数えただけでも一〇人以上、現れたのです。それだけ、国際ボランティア貯金の開発・提供に参画したということは名誉なことだったわけです。

ただ、残念なことにその後の郵政民営化の際、国際ボランティア貯金のような、金融界のなかで突き抜けているような商品は全て根拠法がなくなり、廃止ということになってしまいました。なぜ、こういった商品が消えてなくなってしまわなければならないのか。このあたりにも民営化の弊害があったように思います。こうした商品・サービスも柔軟かつ前向きに承継されるような配慮があってこそ、民営化もうまくいったのではないかと残念でなりません。

なお、当時「ボランティアとは何ですか?」との基本的な質問を、ボランティアに携わっている先輩諸氏にお尋ねしたことがあるのですが、色々な考え方があり、まさに「ボランティアは自由なり」と痛感した記憶があります。

エピソード
29

「大近畿」の郵便責任者へ
――課題は業績最下位からの脱出

平成三年七月、近畿郵政局郵務部長に就任しました。本省では課長補佐時代に貯金局しか経験しておらず、郵便事業に関しては大川郵便局長時代の一年間しかタッチしていない私が、「大近畿」の郵便事業の責任者という重責を担うことになったわけです。貯金局（六階）時代に郵務局（五階）を見ていて思うところは色々ありましたが、近畿のあまりの業績の悪さ・切迫事案の多さに、一刻の猶予も許されない状況であるとの意を強くしました。

当時の近畿郵政局の成績は「万年二〇位」と言われていました。当時、地方郵政局は一一局一事務所（北海道、東北、関東、東京、信越、北陸、東海、近畿、中国、四国、九州、沖縄）でしたが、近畿郵政局の成績は毎年最下位の一二位。しかも、その最下位の度合いが、下から二番目の一一位からみても、あまりにひどい。ダントツのビリなので「二〇位」。かつては「西の本省」といわれた時代もあったのに悲惨な業績になってしまっている要因は、何だ

ベンチプレス110kg×10回を繰り返す「大近畿」当時の筆者

スポーツ

仕事はやっぱり体力だ!?

小学校6年から剣道を、大学に入って合気道と空手をはじめ、合気道4段のほか、剣道、空手、囲碁を合わせて自称合計10段(?)。最近は時間がなくて、なかなか道着が着れませんが、昼休みでも時間さえあれば、屋上でのシャドーボクシングやレク室でウエイトトレーニングを欠かさない。胸の筋肉が少々腹にさがってきたのも気になりますね。仕事はやはり最後は体力が物を言うんですよ。

近畿郵政局郵務部長
勝野成治(かつの・せいじ)さん(37才)

sports

(出所) 郵政だより特別号(平成4年4月1日発行)

ろうか。理由は色々ありそうだけども、少なくとも、郵便の集配品質の改善とサークル活動のあり方という二つの問題を整理しなければ、ダントツの最下位からの脱却は覚束ないと判断しました。

大川郵便局長のときにも体験したことでしたが、郵便の集配品質の悪さは全郵便局・全事業の足をひっぱります。大川郵便局では遅配＝外務滞留の解消に力を入れた結果、市内の無集配特定局長から「自局への苦情が大幅に減った」との感謝の言葉が出るほどまで改善しました。と同時に、エリア別の貯金保険の各種指標のうち、数項目で大川エリアのランキングが上がることにつながりました。

お客様は、郵便局の取扱いに対するクレームは、集配局か無集配局かを区別することなく、近くの郵便局にぶつけがちです。郵便のオペレーションに全く関与していない無集配特定局は被害者意識ばかりが積み重なり、郵便事業と貯金保険事業の非協力・非連携となって不満が噴出します。郵便の集配品質が向上し、クレームが減少した状況を想起してみると、その差は歴然でしょう。

そこで、まずは郵便集配のオペレーション全体を見直しました。さらに、貯金に詳しい郵務部長の私と郵便に詳しい松岡貯金部長（当時）による局長会議等における掛けあい漫才的話法による業務推進についての説明、エピソード32の会議資料の新風吹き込みなどでダメ押し。次第にビリから抜け出す指標の数が指折り数えて両手でも足りないほどまで増えていき、年度末には見事、最下位からの脱出を果たしました。

エピソード 30

「大阪新局」問題
――自組織のトップの権威は高く売り込め！

二〇世紀は手紙・葉書が増え続けた時代でした。

郵便事業は元来ネットワーク型のビジネスですので、郵便物自動読取区分機など機械化の粋を集めたハブ局をネットワークの結節点に設け、区分処理の集中化等を図ることがオペレーションの要諦となります。そこで、近畿郵政局でも「大阪新局」を建てるために此花区に土地を購入し、「さあ、いよいよ着工だ」と思ったら、地元への説明が難航し、私の着任時点では、二進も三進もいかない状態で身動きとれず。「地元の理解は地元への説明から」が基本ですが、その枠組み・段取り・場の設定について、大阪市、此花区、地元住民との間で整理ができていなかったのです。さらに、その原因を調べてみると、建築部と郵務部が権限と責任を譲り合っていることがわかりました。誰が見ても双方が協力してやるべき仕事です。にもかかわらず、見合ったままで動こうとしない有様には唖然としましたが、愚痴をこ

当時の大阪中央郵便局

（出所）　高橋和彦（郵政省OB）画

ぼしているヒマはありません。遅れを取り戻すためには、全軍を動かし総力戦で戦う必要があると判断し、率先垂範、陣頭指揮をとることにしました。

具体的には、①「休眠中」にある地域住民・此花区との間の「地対協」（地域対策協議会）の活動を再開し、その場には、郵政局長以下郵政局幹部が毎回出席することとし、地元との意見交換を何よりも大切にするスタンスを明確にしていく、②大阪市議会と此花区議会との関係を意識し、市議会議員との人脈を掘り起こし、地元へのアプローチを多角化する、③地元住民からの要望には極力きめ細やかに対応していく（金品要求に代わる公園緑地の確保、街灯等の設置など)、④郵便ネットワークの西日本の心臓部となるハブ郵便局として「高性能機械処理」と「大型トラック大量発着積みおろし」の二つの機能の確保を早期に実現するため、早期着工を目指す――の四つを指示しました。

地元からの要望に耳を傾けている過程で、同業他社が近隣地域に集中処理センターを建設する際、相当額の金品が動いたとの情報が流れ、地元住民のなかには今回も同様の対応を期待する向きもあり、かく乱要因になりかけました。この問題に対しては、国営事業としての限界について、地対協の場または此花区出身の市議会議員を通じて説得に努めました。

その際、近畿郵政局長の「格」の重み(例えば、近畿財務局長は本省へ戻る際、審議官・局次長クラスだが、近畿郵政局長は局長クラスへ就く。それくらい偉い、組織のトップが毎回の地対協に出てくることの重み)について話したところ、意外な効果があることに気づきました。自分の属する組織のトップの地位・格についてアピールの仕方を知っておくことは大切なことです。

エピソード
31

苦情対応で使った禁じ手
——詫び状の有効期間

囲碁には「定石」と「場合の手」があります。今からお話しするのは「場合の手」に属する部類で、たまたま、相手がユーモアのわかる方だったので、功を奏しただけかもしれませんので、絶対に真似をしないようにお願いしておきます。

同姓の方の多いエリアでの誤配に対する苦情対応の事例です。そのお客様宛の手紙がすでに数回他所へ誤配されており、「これまでに郵便課長さん、郵便局長さん、郵政局業務課長さん、郵政局郵務部長さんの名前での詫び状はもらっているので、今度は郵政局長さんの名前の詫び状で収めてあげる」という苦情でした。私のところに上がってくる前に業務課長が自分の名前の詫び状で納得してもらおうと頑張ってくれたようですが、力尽きたという感じでした。

業務課長からは「さすがに今回は郵政局長名での詫び状もやむなしと思われるので、予め、郵政局長のご了解をもらっておいたほうがいいですよ」とのアドバイス。しかし、部長の私としては、一回も相手の方と応対もせず、上司の名前でことを収めようなどとは虫がよすぎるし、「大近畿」の郵便事業を預かる身としての沽券にかかわる話だという思いがありました。そこで「そういうわけにはいかないよ」と業務課長に話をし、私がその方にお目にかかり直接対応してみることとしました。

週末、土曜日の午後。お客様のお宅にお邪魔して、説明をさせていただきました。お客様は「誤配をしたのは、郵便局。悪いのはそちら。部長名の詫び状はすでにもらっているのでもういらない。郵政局長名の詫び状を出してちょうだい」と言って譲りません。話し合いは平行線のまま正座で三時間くらいが経過。そこで、奥の手を出すこととし、慎重にギアチェンジ。

「ところで、今の郵政局長はいくつだと思いますか？」

「五十何歳くらいですか」

「はい。定年は六〇歳ですので、定年までもうあまりありませんよね。私は今三六歳です。定年までまだ二四年あります。今から定年までを今回の詫び状の有効期間だとすると、郵政局長名のものと私の名前のものとどちらが長いですか。圧倒的に私の名前の詫び状のほうがいいと思いますよ。「有効期間の長さ」ということから私の名前の詫び状でどうでしょうか？」

お客様はずいぶん迷われていましたが、もう一度私の顔を覗き込むように見ながら、「この部長、まじめな顔してずいぶん面白いこと言うじゃないの」とでも言いたげな感じで、「じゃあ、あなたの名前の詫び状のほうがいいわね」とおっしゃいました。私はダメ押しをするように「そうしていただけるのなら、私が中国に行ったときに北京でつくったとても大切にしている印鑑がありますので、それで押印して差し上げたいと思います」「でも、今、持ってきていないでしょう？」「いやー、私は、印鑑を持ち歩いておりますので、カバンのなかにあるはずです」「じゃ、是非それで」というようなことで押印して、最後は笑顔でお別れして帰って来ました。

この話はたまたま「場合の手」がはまったケースです。「定石」は「過ちを改めるに憚ることなかれ」「善は急げ」ですので、勘違いしないように。

なお、蛇足の部類かもしれませんが、詫び状には高価な判子ではつきたくない、三文判でいいじゃないか、と考える方が多いのではないでしょうか。でも、それは了見が狭いというもの。そもそも、事の発端は当方に誤配等のミスがあったことによるわけですから、むしろ、当方の事情説明に理解を示してくれてありがとうと感謝の気持ちを抱くべきなのです。苦情にもクレームにも色々な内容・形態・程度がありますが、虚心坦懐に耳を傾け、自分の一番お気に入りの判子で「ありがとうございました」と言いながら押印できるよう全力傾注して参りましょう。

酒にまつわるエピソード 4

活性化し過ぎた自主勉強会

エピソード31の苦情処理は土曜の午後の出来事。実は、その日の夕刻には郵務部の係長クラスがほぼ全員出席しての「自主勉強会」を大阪府の某所で予定しておりました。もちろん、参加は任意、食事会も会費制。お客様との話し合いが四時間ほどかかってしまったため、私は遅れて参戦。係長の自主勉強会に参加するのは私も初めてなので、どんな雰囲気か興味がありましたが、あまりの盛り上がりように吃驚。食事会では、親近感の表現なのでしょうが、私を背後からフルネルソン（羽交い絞め）にしてくる大男。

執拗にくっついてくるので、つい合気道ではなく、プロレスの技が出てしまう。大男は八〇kgの私を抱えたまま、お膳の上へ。折れたお膳の足の一部が私の腕に刺さり痛い。別の部屋では、畳相手に乾杯の練習を繰り返す男。そのほかいつの間にか和室の鴨居で懸垂している男等々。

翌日、皆で、お店の方に平謝りに謝って何とか穏便に済ませてもらえましたが、「当分の間、近畿郵政局郵務部の方お断り」のペナルティは甘受せざるを得なくなったと風の噂に聞き及んでおりました。あのペナルティは解除されたのでしょうね(笑)。

エピソード 32

会議資料は見出しで勝負

会議のときの資料のつくり方について一言。参考になればと思います。近畿郵政局に郵務部長として着任後、色々な会議に出席しました。配布される資料はカラーになり、綺麗になりました。とてもいいことだと思います。ですが、不親切になったようにも思います。というのは、資料のタイトルや見出しを見ると「○○について」というパターンが蔓延していたからです。これだけでは、「○○について何をどうしろ」と言おうとしているのか伝わってきません。もったいないと思いませんか。会議の参加者は皆忙しいのです。もし、タイトルや見出しだけで大きな方向感を掴めるなら、そして、忙しくて見出しだけしか読めないときなどには「見出し読み」にとどめ、時間差読みにつなげられるようにしてあげたいと思いませんか。一〇〇人の出席者がいる会議で、一人一分早く読み終えることができれば、組織としては、一〇〇分節約できます。一人一〇分節約できれば、一〇〇〇分です。

昔の交通標語に「人は右、車は左、対面通行」というものがあったように記憶していますが、これなどは傑作だと思います。これを、例えば、「対面通行の実施について」から始め、「人について」「車について」……と書いていくと最後まで読まなければ、何が言いたいのかわかりません。気をつけてみてください。会議自体の効率化だけでなく、物事を論理的に考えられるようになるなど、色々な副次効果があると思います。

エピソード
33

近畿郵政局に暗い影を落としたサークル活動

サークル活動は職員の福利厚生・自己研鑽支援のため、多くの会社で導入されています。郵政省においてもいくつかのサークルが活発に活動しています。サークル活動はそれが社会や会社のルールに従って行われるものである限り、会社から便宜供与を受けることもできます。

郵政省のサークル活動のなかには同和問題の歴史や理念等について研究しようとする「解放運動研究サークル」もありましたが、そのうち、一部のサークルでは「管理ルール」を逸脱する活動事例も見られるようになりました。時に、差別事象が発生し、サークル活動の活発な地域では確認会や糾弾会が行われる際、管理者への激しい糾弾が行われる事例が多々あり、管理者は心身の消耗を避けるために退職せざるを得ない事例も散見されるようになりました。ちなみに、大阪府内の新任普通郵便局長の平均年齢は近畿管内の新任普通郵便局長の平均年齢を下回っていました。これは、大阪府内における当該サークルの活動が激しく、早めに現役引退に追い込まれるケースが多かったこともその一因であったと思われます。

この問題の解決に向けては、歴代の近畿郵政局長、事業部長等が全身全霊を傾けて取り組んできましたが、特に、荒瀬眞幸郵政局長、佐々木英治人事部長の時代に郵政省本省、警察庁、官邸、自治省、マスコミなどと連携をとりながら取り組まれたことは記憶にとどめておかなければならないと思います。懸念された反発や水面下での抵抗等もほとんど見られず、当該サークルが事実上占拠していた局舎スペースについてもあるべき秩序を回復し、さらには、勤務指定の是正、過度な便宜供与や甘い服務管理についても大幅な改善が図られました。労使関係も行き過ぎたサークル活動問題も暗い時代は過去のことになってしまいましたが、その時代を生きた方々の心労は筆舌に尽くし難いものがあります。「治に居て乱を忘れず」。この言葉を忘れてはなりません。

エピソード
34

入るのが楽しみになる部長室

いささか古い話になりますが、「部屋持ち」という言葉があります。会社組織でいえば、執行役員や取締役以上くらいでしょうか。最近は廃止してしまったところもあるようですが、個室を割り当てられるのが出世の象徴とされていた時代の話と思ってお読みください。

「部屋持ち」の偉い方のなかには、「若手職員も入りやすい部屋にするためにドアを開けっぱなしにしているよ」と自慢気におっしゃる人も多い。でも、その割には、呼びつけられたとき以外、部下職員はあまり出入りしていないというケースがよくあります。先に触れたとおり、近畿郵政局管内は一部サークル活動のあり方が日常の業務にも暗い影を落とし続けていました。そのことを考えると、まず、自分の直接の部下＝郵務部職員との関係を明るく、かつ、楽しいものにできないか、最低限それくらいのことができなくて、近畿全体のことを改善できるわけがないじゃないか、と自分を追い込んでみました。

決裁をもらいにきた若手の稟議書作成能力が、部長室への入室の前後で本人も実感できるくらい伸びるらしいとの評判が広がれば、部長室に行きたいと思う職員も増えるだろう。稟議書作成のノウハウはそのまま企画書のつくり方に通じるので、本人にも、組織にとっても、事業にとっても大きな効果を生むぞ！と考えました。

企画書づくりのコツは「5W1HPC」。「いつ、だれが、どこで、何を、なぜ、どのように、期待される効果と費用は」を常に自問自答する習慣を身につけておくことが大事です。私もこの「5W1HPC」を念頭に置いて決裁に回って来る案件の予習を密かに行い、質問を考えておきます。それを、あたかもその場で気づいたことかのように、刑事コロンボ的にとぼけた質問をすると、お互いに頭がよくなったような気になります。さらに、護身術、目的別肉体改造トレーニングなど私の能力が指導可能なレベルにあるものについては、本人の希望により、決裁案件のオマケとして指導するなどにより、「勝野部長の部屋に自分も行ってみたい」と結構な話題を呼んだと記憶しています。もっともウラはとっていませんので、当時の体験者は名乗り出ていただけませんか。その後仕入れた技も活用し、ご満足いただけるまでご指導させていただきます。

エピソード 35

簡保の金融自由化対策室長へ

平成四年夏、簡易保険局金融自由化対策室長として、本省へ戻りました。ここでの私の任務は、前任者（佐々木前近畿郵政局人事部長）が大蔵省との交渉の末に勝ち取った簡易保険の加入限度額の改善を活用した新サービスの約款改正です。

具体的には、限度額の適用に関し、基本契約と特約とを同じ枠で一括管理されていたものを別枠管理とすることによる実質的な限度額の拡大と、基本契約と特約との多様な組み合わせを可能とすることによって保障の充実を図ろうとするものです。貯金に比べて動きの少なかった簡保にようやくダイナミズムが発生することになりました。一方、金融界全体の動きとしては、老人等のマル優三五〇万円が七五〇万円へ大幅に引き上げられる方向で動きつつありました。そこへ平成四年一二月一二日、第五五代小泉純一郎郵政大臣が登場しました。

ここでマル優制度について、Q＆A方式で説明しておきたいと思います。

図表35－1　マル優制度の変遷

	マル優（預貯金等）	特別マル優（国債等）	郵貯マル優
	S38.4〜	S43.4〜	S21.6〜
	↓	↓	↓
S48.12	300万円	300万円	300万円
	↓	↓	↓
S63.4	老人等（注）に対象を限定（各300万円）		
H6.1	350万円	350万円	350万円
H15.1	障害者等を除き受付停止		
H18.1	障害者等を除き制度廃止		

（注）　65歳以上の者、障害者、遺族基礎年金を受けている妻、寡婦年金を受けている妻をいう。

Q　マル優制度とは？

A　「マル優」とは、「障害者等の少額預金の利子所得等の非課税制度」の通称。貯蓄の奨励と社会保障の支援を目的として昭和三八年に創設された預貯金や国債などの利子が非課税になる制度であり、現在は「障害者等のマル優（非課税貯蓄）」として存在。六五歳以上の高齢者を対象にしたマル優（高齢者マル優）は、平成一七年末に廃止された。

Q　特別マル優とは？

A　「特別マル優」とは「障害者等の少額公債の利子の非課税制度」の通称で、「マル優」と同様、障害者手帳の交付を受けている方や遺族基礎年金を受給されているなど一定の条件を満たした方のみが利用できる制度。国債と地方債の額面三五〇万円までの利子が非課税になり、「マル優」とは別枠で利用できる。

Q　郵貯マル優とは？

A　「郵貯マル優」とは「障害者等の郵便貯金の利子に対する非課税制度」の通称。マル優とは別枠で郵便貯金の元本三五〇万円までの利子に対する所得税が非課税になる制度であり、平成一九年九月三〇日をもって廃止された（郵政民営化前に非課税の適用を受けて預入された一定の郵便貯金の利子については、満期（または解約）までの間、引き続き非課税）。

Q　マル優制度の変遷は？

A　図表35－1のとおりです。

エピソード 36

小泉郵政大臣就任

老人等のマル優の限度額が三五〇万円から大幅に引き上げられそうなところまでいっていた平成四年一二月、かねて郵貯見直しを主張していた小泉純一郎氏が郵政大臣に就任しました。就任会見でさっそく、「老人等のマル優」の引上げに反対であると表明したことで郵政省内は大混乱となりました。

その時の衆議院逓信委員会の写真がスポーツニッポンとフォーカス（五十嵐三津雄官房長、安岡裕幸郵政大臣官房審議官、森隆政郵政大臣秘書官、斎尾親徳貯金局経営企画課長、勝野成治簡易保険局金融自由化対策室長）に掲載されたことから、親戚や友人、郵便局の現場の人たちから、「勝野さん、本当にご苦労様。身体壊さないように」「老人等のマル優の引上げ、ぜひ実現を。小泉さんに説明してやってください」「いつから現場を裏切ったのですか」などさまざまな電話・手紙が殺到しました。

化論に集中砲火

ガモ

笹川前次官とも因縁第2ラウンド

郵便貯金政策をめぐって昨年十二月に激突した小泉純一郎郵政相（[illegible]）と笹川堯前郵政政務次官（[illegible]）が十八日、衆院通信委員会を舞台に激突の"第2ラウンド"を演じた。小泉郵政相誕生に抗議する形で郵政政務次官を辞任した笹川氏が、この日の通信委員会で質問に立ち、小泉郵政相の郵貯民営化論などを厳しく非難したもの。小泉郵政相も答弁で持論を改めて披露し応酬したが、押され気味。第2ラウンドは笹川氏の勝ち？

予算委より白熱

"強気一本ヤリ"が軟化 郵政相

郵貯民営化論を説く小泉氏が郵政相に就任した四日後に郵政政務次官を辞任した笹川氏。辞任後、衆院通信委員会で質問に立つのは初めてで、大方の予想通り？小泉郵政相に対して厳しい言葉を並べ立てた。

小泉郵政相が国鉄民営化の成功を例に挙げて郵貯民営化の検討の必要性を説いてきたことから、まず笹川氏は「郵貯は、ストを打ち国民を困らせた国鉄以下なのか？」とジャブを浴びせた。さらに「雪の日も雨の日も懸命に働いている三十万人（郵政）職員は不安がり、がっかりしている。大臣として、いたずらに不安を与える言動は慎むべきだ」と糾弾。

笹川氏の非難に対しては「（郵貯は）大事な事業だが、行政改革の見直しは、すべての官庁に求められる」と、自説の郵貯改革の検討の必要性を説いて応酬した小泉郵政相だが、"口撃の矢"は、ほかの委員からも次々と飛んできた。

笹川氏の後に続いた与野党五人の委員が、そろって「大臣は（郵政）省益よりも国益を優先させるというが、郵便局での仕事を一生懸命やることが国益に反するというのか？」「郵貯は、しっかりとした経営

ジタジ。持論こそ曲げなかったものの「（自分の）いろいろの発言には影響が多いので、注意深く慎重にしていかないといけない」と明言。強気一本ヤリだった姿勢を軟化させた。

この日の"第2ラウンド"は援軍を得た笹川氏の意気軒高ぶりが目立ち、対照的に小泉郵政相は記者団に「私は（傷ついた）矢ガモのようなもの……」と漏らすなど劣勢だった。

もっとも、両者の確執の背景には郵貯をめぐる大蔵省と郵政省の綱引き争いがあり「小泉郵政相と笹川氏の対立は大蔵族と郵政族の代理戦争」（政界関係者）ともみられているため、委員会での論戦だけでは"抗争の行方"は占えない。大蔵族と郵政族の今後の動向が注目される。

衆参逓信委員会ではすべての党が小泉大臣に対決姿勢
（小泉大臣の左が筆者）

衆院逓信委　郵貯民営化

小泉郵政相

私は天

㊤衆院逓信委で小泉郵政相は㊨前次官の笹川氏の"強烈な口撃"にタジタジとなるシーンも見られた

をしている。非難されるのは（不祥事続きの）民間（金融機関）の方ではないか？」などと抗議。衆院予算委員会での証人喚問より白熱した？論戦が繰り広げられた。

これには将来の首相候補とまでいわれる小泉郵政相もタ

（出所）「スポーツニッポン」平成５年２月19日

いま逓信委員会が面白い

——役所の援護もなく、与野党議員と対決する小泉郵政大臣

「竹下登も小沢一郎も〝知らぬ存ぜぬ〟で逃げ切った予算委員会なんかより、ずっと〝白熱〟していて面白い」といわれているのが、今国会の逓信委員会。昨年12月の大臣就任直後の「老人マル優限度引き上げ」反対の〝爆弾発言〟以来、おヒザ元の郵政省と〝対立〟している小泉純一郎・郵政大臣（51＝写真左から二人目）が、こんどは与野党の〝郵政族〟議員の集中砲火を浴びているからだ。

「まるで証人喚問を受けているようなもんだね。しかも、証人喚問なら2時間ですむけど、ボクは、1月20日に4時間ブッ通しで質問を受けたのを皮切りに、2月18、22、23日と続けざまなんだから、もっとキツいかもしれない」（小泉大臣）

ふつう国会の委員会は、専門的なことは、役所の官僚が答弁する。が、質問する議員の側が小泉大臣に対してだけしか答弁を求めないので、喚問された証人みたいになってしまうのだ。写真は、18日の委員会の1シーンだが、質問者が、小泉大臣就任4日後に、「こんな大臣の下ではやってられない」とタンカを切って郵政政務次官を辞任した、笹川堯氏（右端、後ろ向き）だったから、〝盛り上がり〟も一段。小泉大臣が就任以来、「郵便貯金の残高が166兆円と、官業の郵貯が民業の銀行を圧迫している。郵貯の見直しをすべき」と主張しているのに対し、笹川氏は、「銀行業界からどれだけ政治献金を受けているのか」と、イヤ味たっぷりに質問。さらに笹川氏は、小泉大臣が厚生大臣当時、「老人マル優に反対していなかった」と厚生省の役人にわざわざ述べさせた上で、「自説というなら、なぜ以前から反対してこなかったのか」と詰め寄った。

郵政省内も大混乱　「裏切り者」と言われたことも
（右ページ、右から2人目が筆者）

一方、有力な支持母体の全逓に推されている社会党の議員からは、「大臣は〝省益〟よりも〝国益〟を優先させるべきというが、郵便局での仕事を一生懸命やることが国益に反するのか」といった質問が飛ぶ。だが、小泉大臣、こんな与野党議員一致の攻撃にも、「私の政治家としての基本姿勢は変わらない」と、あくまで強気。この間、出席していた郵政省の五十嵐三津雄・官房長（写真奥、右から4人目）は、ただ質疑の様子を見守っているだけ。「郵政省の役人としては、議員と一緒になって大臣を攻撃したいくらいなんだから、冷たいものですよ。ふだんでも、事務的に必要な場合以外は、大臣室に寄りつこうともしないんですから」（郵政省担当記者）というわけだ。

それにしても、この小泉大臣、自らが大臣を務める役所と与野党の郵政族を敵に回して、このまま〝暴走〟を続けることが出来るのか。

「宮沢首相が暮の改造で三塚派の小泉を郵政大臣に充てたのは、旧竹下派と渡辺派が握っていた郵政の権益をブッ壊そうとしたから。郵政族のボスだった金丸信が佐川事件で〝沈没〟していなければ出来ない人事だったが、小泉としては、自分の行動は宮沢首相も容認しているという認識があるので、いまの姿勢は変えないでしょう」（政治部デスク）

小泉大臣の一連の発言は、大蔵政務次官や衆院大蔵委員長を歴任した〝大蔵族〟としての発言に過ぎないという見方も強い。でも、大臣の発言といえば、官僚の〝振り付け〟ばかりの国会で、この人の〝突出発言〟、結構楽しめることに変わりはない。

PHOTO 山口晴義

（出所）「FOCUS」平成5年3月5日号

小泉大臣の発言は、老人等のマル優引上げ反対にとどまらず、郵貯・財投全般に及んでいたため、いずれ貯金局の応援に回らねばならない時期が来るものと覚悟を固めました。そのためには、簡保の約款改正を早期に仕上げる必要がありましたが、簡保の金融自由化対策室には経験豊富かつ優秀なメンバーが揃っていて、この期待に応えてくれたのは幸運でした。

エピソード
37

逓信委員会秘話

平成五年の年明けの通常国会、衆参の逓信委員会は全党一致で小泉郵政大臣に対決姿勢をとるとの報道が流れていました。また、関係労組や全国特定局長会などの郵政省関連の各団体も「老人等のマル優引上げ」については小泉大臣の主張とは全く異なる立場を明確にしていたため、小泉さんの味方は、「上司の命令には自分自身の主義主張を押し殺しても従わねばならない」と教え込まれてきている官僚だけしかいないことになります。

私は、事前に質問を入手し想定問答を策定し小泉大臣にお渡しするという役割でした。とりあえず簡保局（七階）の代表として立ち振る舞いましたが、実際には貯金局（六階）の後方支援もしていました。小泉大臣にお仕えしているその姿は「裏切者」に見える場合もあったでしょう。

小泉大臣は我々官僚がつくった想定問答には目もくれずに持論を展開されました。折角つくった想定問答を全く活用してくれないのは寂しいものでした。

結局、マル優、特別マル優ともに、郵貯マル優の限度額もそのまま三五〇万円に据え置かれました。

エピソード 38

預貯金金利自由化の仕上げ

小泉大臣に翻弄されたあとの平成五年夏、簡保局から貯金局に異動し金融自由化推進室長に就任しました。

預貯金金利の自由化は、市場金利連動型定期預貯金の最低預入単位を段階的に下げる方式を導入したことから、ここまで順調に推移してきており、残るは、定額貯金の金利自由化と流動性預貯金金利の自由化の二つと思っていました。定額貯金については、民間金融機関側が官民イコール・フッティングの最優先項目として位置づけていたことから、簡単には解決しないだろうと思っておりましたが、ありがたいことに、私が近畿郵政局の郵務部長と簡易保険局金融自由化対策室長をしている間に同志（植村貯金局金融自由化推進室長と中江紳悟同室長補佐）が整理をしてくれ、決着していました。具体的には、長期国債の金利の大体八割をめどに微調整を行うというもので、それなりの合理性のあるルールであり、英断だったと思います。そして、残る流動性預貯金金利の自由化について、最終的な整理を私と中江室長補佐がやることになったわけです。

これに対し、大蔵省側は、佐々木豊成銀行局金融市場室長及び同室室長補佐の超優秀なコンビ。しかし、私は、中江君が少林寺拳法と空手で黒帯と聞き、かつ、ドスの利いた声であることが交渉で大いに役に立つときがあるはずと直感していました。

通常貯金は「流動性」とはいっても、実際には常に滞留している「底だまり」部分があり、全体の平均滞留期間も三か月ぐらいに達していました。ということは本来ならば三か月定期に近い金利を付利することができるわけです。では、民間の普通預金金利はどうかというと、滞留期間やその期間別の構成割合といったデータが全くありませんと交渉相手の大蔵省は主張します。天下の大銀行にデータがないはずはないでしょう。銀行の普通預金は個人・法人両方が利用していますので法人預金の資金の滞留期間は確かに短いかもしれませんが、個人預金の一定部分は、一週間から一か月、あるいはそれ以上といったケースも多いのではないか。我々はそんな風に推測しました。でも「データが何もない」ということでは、もはや議論のしようがありません。このことを中江君が「民間の普通預金の収支構造は『ブラックボックス』なのではないか」と言い表し、民間金融機関の実態を鋭く突きました。

普通預金の収支構造のブラックボックス化を指摘

豆電球

黒い包み

●年も押し詰まった昨年暮れ、古くからの知人が私を訪ねてきて「これを召し上がってください」と「黒い包み」を差し出しました。私は少々戸惑いながら尋ねました。「その中身はいったい何なのですか?」●知人は答えていわく「実は包みの中に何が入っているか私もわからないのです」。私は中身が何かわからないものを受け取り、しかもそれを食べるのは正直いって気味が悪いと思いました。しかし、その知人は社会的信用のある紳士で、また、これからもお世話になる人なので無下に断わるのも失礼かなと、しばし迷いました●とそのとき、クリスマスのころにさかんに報道されていた新聞記事が脳裏に浮かびました。確か、記事は「このほど古くからのしきたりにうるさい老人たちが集まって、彼のところへ黒い包みを届けるよう社会的信用のある紳士に進言した。黒い包みの中身は皆知らないといっているが、どうも彼が古くからのしきたりを破るのを防ぐ痺れ薬らしい。このことがわかってしまうと紳士の社会的信用がなくなるので、黒い包みの中身には誰も触れたがらない」という内容でした●記事にあった「彼」が、実は私のことだということに気づくのに時間はかかりませんでした。そこで私は知人にきっぱりと答えました。「いかにあなた様のお申し出とはいえ、中身がわからないものを頂戴し、口に入れるわけには参りません」。その後、その知人はときどき玄関先までお見えになっているようですが、なかなかブザーはお押しになれないようです。私は考えました。「東京都のゴミ袋でさえ半透明になったこと。まして老人たちの衆知を集めれば、もうそろそろ黒い包みの中身がわかってもいいのに…」●普通預金金利の怪。(なお、本文中の「老人」も「知人」もそして「私」も実在の人物ではありません)。　(友紀)

(出所)「週刊金融財政事情」平成6年3月7日号

それ以降、民間金融機関が「郵便貯金の金利自由化を早くやれ」と主張し攻勢に出て来たときには、「その前にブラックボックス構造の中身を明らかにせよ」と切り返せば、向こうはもう反論ができなくなるというような状況になりました。

では、民間金融機関はなぜ、普通預金の収支構造を開示できないのか？

否。開示できないのではなく、開示したくなかったのでしょう。

なぜなら、普通預金は銀行の収益のドル箱だったからです。ドル箱の商品の収益構造がガラス張りになったら、儲け過ぎ批判が高まり、もっと預金金利を上げよ、送金手数料を引き下げよとの声が巻き起こるのは必至です。我が方に有利な土俵ができてしまうことを懸念したのかもしれません。こうした郵政省・大蔵省のやりとりを皮肉ったコラムが『週刊金融財政事情』の「豆電球」欄に掲載されました（平成六年三月七日号）。タイトルは「黒い包み」。「黒い包み」＝「ブラックボックス」は、民間金融機関の不透明な預金の収支構造を指摘する言葉として、マイナス金利の今はともかく、先々、金利が上昇し、イールドカーブが立ってくるようになると、再び注目されるかもしれません。

当時、地銀協の毎月の例会の場だったと思いますが、私と中江君が出席して我々の考え方を説明し、「意見のある方はどうぞご自由に」ということで質問をお受けしたのですが、金利の自由化に関しては、全く質問が出ませんでした。私はちょっとでも質問が出れば、すかさず銀行の普通預金の「ブラックボックス」について逆に聞き出そうと用意をしておりましたので、肩透かしを食った感じになりましたが、地銀側としては、ブラックボックス論議は絶対に避けたいと事前に根回しをしていたようです。

そうした経緯・背景があるなかで大蔵省との交渉を進め、コスト構造にまで切り込むことまではできませんでしたが、現状を前提としての精一杯の議論はできたのではないかと思います。結果的に、通常貯金の金利は、民間の普通預金の金利より一%程度以上高めに設定することについて容認されました。郵便貯金なかりせば、預金者の利益を代弁する存在は誰もいなくなるところでした。

今は、預貯金金利は完全自由化されています。完全自由化の時代には、どの金融機関がどのような点に重点を置いて経営に取り組んでいくのか、お客様の利益か、銀行の利益か、投資家の利益か、あるいは融資先の利益か、預金者としては、その銀行の経営方針をよく分析して、どの銀行に預けるのかを研究する眼力を鍛えておくことが大事です。金融機関はどのような商品を出し、何%の金利がつけられるかが注目されるわけです。

ところで、郵政民営化後も我々が大蔵省と合意した流動性預金金利のルールが適用されるのかという疑問があるかと思います。これについては、当事者同士で改めて議論をして決めていただくのがよいと思いますが、ルールそのものが適用されないにしても、ルールのもとになった考え方、すなわち預金者の利益と民営化したことで民間企業となったゆうちょの収益確保、さらには国際的な金融界の動向等々をも含めて何が大事なのかをバランスよく判断していくことが重要だと思います。その際、当時、色々な立場の方々とかわされた議論は絶対参考になると思います。

酒にまつわるエピソード 5

白い高級外車の謎

小口預貯金金利自由化交渉で常に念頭に置いていたのは、結果を世論はどう受け止めるかということについて、アンテナを高くはり、預金者利益の確保に貢献できているかを確認しながら進めることでした。そのための一つの手段として、マスメディアの経済担当記者等を集めて勉強会を開催し、反応を探ることが多かったのですが、お互いより詳細な情報を入手するために、勉強会のあと二次会、三次会へとなだれ込み、終了が深夜に及ぶ場合がしばしばありました。

流動性預貯金金利自由化を巡る大蔵省と郵政省の交渉は、当時、合意案が日経新聞の一面トップで大きく報じられるほど世間の注目を集めていましたので、何人もの記者の方たちとコミュニケーションをとりました。連日、朝に晩に私や中江君のところに顔を出し、時々、そのまま居酒屋になだれ込み熱い議論をたたかわせた、『週刊金融財政事情』の小田徹記者もその一人でした。

ある日、小田記者から「編集長を連れてくるので（郵政の考え方を）レクしてほしい」との要望があり、桑原稔編集長にお会いしました。レクの後は桑原編集長、小田記者、中江君等と夜の街へ。そして事件は起きました。

事件の経過

①　深夜（すでに午前様）、小生が帰宅のためにタクシーを止める

②　小生の止めたタクシーの後ろに、たまたま、白の高級外車が止まる

③　乗車した小生が窓を開け、桑原編集長や小田記者と握手をしたりしていたためタクシーがなかなか発車せず、後ろの白の高級外車がクラクションを鳴らす

（ここで小生が乗ったタクシーは発車したので、以下は現場にいた当事者の証言による）

④　深夜にもかかわらず、クラクションの音が大きかったために、中江君が高級外車の助手席の男性を睨みつける

⑤　すると、いきなり高級外車（右ハンドル）の運転席から暗闇でも強面とわかる男性が飛び出し、中江君のほうにまっすぐ詰め寄る。そして、中江君の少し前で石に躓いたような感じで、前のめりになったかと思ったら、いきなり中江君に頭突きしてきた

⑥　中江君は少林寺拳法及び空手の有段者。普通ならば彼は避けることができたはず。ただ、このときは相手が躓いたように見えたので油断したためか、あるいは幾分かアルコールが入っていたためか顔面を強打され、あっという間に口から血が噴き出し、コートが真っ赤になる

⑦　中江君は、殴り返そうかと一瞬思ったらしいが、ここで殴ったら上司に迷惑がかかる、大蔵省との交渉事を台無しにしかねないと我慢

⑧　事件発生場所はネオン輝く六本木、瞬く間に野次馬が群がったため、一緒に飲んでいた小田記者らは、事を大きくしてはいけないと中江君を抑えにかかり、彼らのコートもクリーニングが必要な程度に血潮で染まった

⑨　騒ぎを聞きつけ、パトカーのサイレンが聞こえ始めたところ、白い高級外車に乗っていた相手側は、引き上げていった

このあと、皆、血染めのコートで帰宅したようですが、翌日、私が出勤すると腫れた唇の中江君から事件の報告がありました。これに対する私のコメント。

「中江君、やられた瞬間に仕事のこととか家庭のこととか、そういうことを考えたのではないか。君が色々と考え、自制的な選択をしてくれたこと自体は感謝するが、武の道を行く者としては甘いと言わざるを得ない。目の前の相手だけに集中しなければ、次は命を落とすぞ」

「よく我慢した！」と褒めてもらえるとばかり思っていたであろう中江君は、私に意味深な言葉をかけられ、目をキョトンとして「この人、一体何を考えているのだろうか？」と思ったようでした。

その後、編集部では「あの車の主は誰だったんだろうか？」と色々調べたようです。そして、その筋の大物ではなかったのかという話になりましたが、確かなことは言えないので止めておきます。

エピソード
39

国際ボランティア貯金推進室長……「身上　潰す　三代目」

流動性預貯金金利の自由化交渉がまとまったあと、国際ボランティア貯金推進室長に異動しました。就任の挨拶で「落語で『身上を潰す三代目』という言葉がありますが……」と話したことをよく覚えていますが、結果的に国際ボランティア貯金制度のなかで一番の隆盛を誇った時期となりました。

忘れられないのは平成七年一月一七日に起きた阪神・淡路大震災です。直後の一月二二日に大阪大学で市民公開講座の講師を務め、ボランティア等について講義しました。大阪大学の市民公開講座が、国際ボランティア貯金のおかげでできたとまでは言うつもりはないですが、少なくとも「ボランティア」という一般的なタイトルで市民公開講座が開設されることになった背景には、国際ボランティア貯金の創設やボランティアというものに対する世の中の見方が変化してきていたからだと思います。国際ボランティア貯金が市民公開講座の後押しをするにまで至ったということは、喜ばしいし、嬉しいことだと思いました。

講演の翌日、大阪メルパルクの松岡総支配人（私が近畿郵政局郵務部長のときの貯金部長）と一緒に神戸市長田区まで炊き出しに出向きました。メルパルクの蕎麦、おにぎり、お菓子等を車に積めるだけ積み込んで一日がかりで行きました。

そのとき、ある銀行の神戸支店の前を通ると「業務は姫路支店で再開しました」との張り紙が出ていました。報道では、この銀行は「神戸支店の業務を再開」と発表されていたので「おやっ」と思いました。銀行に限らず、どんな商売でも被災地の真ん中で再開すればこそ称賛されるのであって、やむを得ないとはいえ遠く離れた姫路支店での再開なら、報道がミスリードしているといえるのではないでしょうか。被災した現地で店舗が再開するかどうかは被災者にとって、とても重要な情報であり、当局も含め、もう少しきめ細やかな対応が必要だと思いました。

エピソード 40

SPよりSP的と言われた郵政大臣秘書官

自社さ連立政権の村山改造内閣（平成七年八月八日～平成八年一月一一日）で郵政大臣に就任した井上一成大臣の秘書官に就任しました。

井上大臣の経歴は次のとおりです。

昭和七年摂津市生まれ、茨木高校、同志社大卒、同四三年摂津市長に（三六歳、全国最年少）、同五一年衆議院議員、連続八回当選。国会では、沖縄北方問題特別委員長、運輸委員長、国会等移転特別委員長等を歴任、平成七年郵政大臣に就任。

「社会の医者」を志して政治家に。特に福祉や教育を重視。大阪薫英女子短大で一九年間「社会福祉論」を講義。その後、客員教授。西アフリカ・セネガル共和国との友好協会会長として、一九七八年～現在に至るまで医薬品などの救援を続けているほか、アフリカの砂漠化防止のため、「日本レンゲの会」と連携し、レンゲ畑の普及を進めています（現在アフリカ各国でのマメ科植物の種子輸入解禁に向けて準備中）。また、カンボジア、ネパールなどで小学校建設に協力、国際的ボランティア活動を続けています。「この道にかける」「ハートフル愛ランド地球」などの著書、対談集があります。

村山総理大臣と井上郵政大臣は、同じ社会党。村山総理大臣と私は同じ九州の出身。井上郵政大臣の前評判は「恐い方」。私が受けた第一印象は「もの静か」ななかにも眼光鋭く、やはり前評判どおりの方でしたが、二〜三日も経たないうちに、大変な勉強家であること、公私の別を明確に峻別されている方であること、電気通信事業と郵政事業の双方の将来展望を自ら納得いく形で整理、追究していきたいとの強い思いをお持ちであること、そして、弱い者の立場を絶対に忘れない優しい方であることが伝わってきました。私が、この大臣を、これまで鍛えてきた肉体と精神力の限りを尽くしてお支えしようと心に決めるまで時間はかかりませんでした。

井上大臣は、郵政事業の経営理念について、「立派なことが色々書いてあるが、勝野君、君はこれを全部そらんじることができるか」「綺麗な文章になっていなくたっていいから、四〇万人の職員が「これとこれとこれ」と言えるくらいのわかりやすいものに変えたらどうか」とよくおっしゃっていました。そのとき、大臣を囲み、秘書官室のメンバーで議論したのが「三つのしん」またの名を「三しん主義」。「信用・信頼のしん」「親切のしん」の「三つのしん」です。つまり、①人も企業も信用・信頼を失えば社会生活が営めません。権謀術数渦巻く政治の世界でも、信なくば立たずだよ（信用・信頼のしん）、②困っていそうな方には親切にしましょう。笑顔を返してくれますよ（親切のしん）、③時代は変化しています。ＩＴ等の新技術習得等に積極的にチャレンジしましょう（進取のしん）――ということです。

「三つのしん」の解説も全文暗記するのは難しいかもしれませんが、「信用・信頼のしん」「親切のしん」「進取のしん」のことだとさえ覚えておけば、あとはどのような具体的事例を入れるかなど、人それぞれ自由でいいと思います。

この「三つのしん」に対しては、あまりにも簡単で次元が低いとか、幼稚なのではないかとの批判をされる方が時々いるようですが、その方たちには私は「三つのしん」だけでは言い切れていないことが何かありますかと逆に問いかけるようにしています。

井上大臣をお囲みして検討していたマル秘プロジェクトも、残念ながら、村山総理の突然の故・橋本龍太郎総理へのバトンタッチにより、表に出せる段階までには至りませんでしたが、「三つのしん」と井上大臣から時々お聞かせいただいた「人類にとってかけがえのないものは命と地球、守るべきは平和と人権、無くすべきは核と差別、Issei Inoue、トライ・ザ・ベスト」の一節は私の生き方の礎となっています。

ところで、皆さんもＳＰという肩書の人たちをご存じだと思います。ＴＶや映画などでＳＰを主人公にした面白いドラマがヒットしたこともあり、かつてよりもかなり注目されるようになってきているように思います。

井上大臣には比較的年配の方と若い方と、二人のＳＰがついていました。どちらも柔剣道や逮捕術などの鍛錬を積み、精悍さも貫禄もおありでした。そのＳＰの方が「自分が秘書官だと間違えられた」と嬉しそうに報告をしてくれたことがあります。なぜ、嬉しそうなのか。自分で言うのもおこがましいのですが、どうやらそれは「秘書官（私）よりも知性的に見られたから」ということらしいのです。ということは逆に……と思っている矢先、今度は秘書官の私がＳＰに間違えられる「事件」が発生しました。要はＳＰよりも私のほうが屈強に見えたということです。

他省庁の秘書官とＳＰの関係を見ていると、ＳＰは秘書官に間違えられたとき、当該秘書官の性格が余程悪くはない限り素直に喜んでくれる例が多いのに対して、秘書官はＳＰに間違えられたとき、喜ぶ人はあまり多くなさそうでした。でも私は「ＳＰよりもＳＰ的」と言われたことを素直に嬉しく思いました。

さらに私は、ＳＰと大臣の位置関係に応じて、歩く位置（立つ位置）を変化させるように気をつけていました。すなわち、ＳＰと大臣との間に入らない。万一、間に入ってしまった場合には速やかに大臣を軸にしてＳＰの反対側に移動する。安倍元総理銃撃事件もあったことを考えると、大臣秘書官、ＳＰともに、そうしたことについての事前研修にわずかな時間でもいいから割いてほしいものです。

エピソード
41

情報通信の世界へ

情報通信というと、放送行政、電波行政、電気通信事業者行政、情報通信振興行政等に大別されますが、このうちの振興行政の世界に足を踏み入れることになりました。

光ファイバーの敷設等が進んだ場合、情報通信の特性である距離を超越するような時代になるだろうか。有識者を集めて展望するなかで出てきたのがテレワークという考え方でした。新型コロナウイルスの世界的な流行を経験した今なら、在宅勤務という形でテレワークが社会的に認知されたと断言できますが、平成八年当時は、社会的にも、技術的にも、皆、疑心暗鬼状態だったように思います。ただ、テレワークという言葉がまだ耳慣れない当時でも、障がい者の雇用拡大や通勤事情の緩和に効果を発揮するであろうことに異論を唱える向きはありませんでした。と同時に、雇用や職場のあり方に関して、サテライトオフィスやSOHO、直行直帰、施設のバリアフリー化など多面的視座からのアプローチを加速させる契機となったことも間違いありません。

私は、その有識者懇談会にテレワークを縦横無尽に活用した働き方改革の方向性を「ワークスタイル・ルネッサンス」と呼ぶことを事務局として提示しましたが、反応は今一つだったように記憶しています。今、考えると、「ルネッサンス（復古主義）」では先進性が感じられないですよね。有識者懇談会の先生方は流石だと敬服します。

エピソード
42

地域の情報化のリーダー役、地域情報振興課長へ

郵政省は「自治体ネットワーク施設整備事業」という補助事業制度を他省庁に先駆けてつくりましたが、これに対する補助率等はあまり改善することができないままでした。これに対して総事業費に対する補助金の割合を三分の二に上げたい。といっても、自治体ネットワーク全体の補助率を三分の二まで上げるのは至難の業なので、新しい中心市街地活性化法案というものに相乗りして実現するということで、まず風穴をあけました。また単発の取組みでは効果が薄いので「地域情報化の取組効果を一気に高める」ための「同時多発的」取組みを「一定の要件」とするなどの工夫をこらしました。

エピソード
43

沖縄問題に直面

郵政大臣秘書官の頃、沖縄で婦女暴行事件が発生（平成七年九月）しました。沖縄に米軍基地が集中しすぎている（国土面積の〇・六五％しかない沖縄県に全国の米軍基地の七割以上が集中）ことに対する県民の反発と普天間基地周辺住民の墜落事故リスク問題。「大きな負担・小さな振興」——。これらの報道を目にして、小笠原陽一室長補佐に「沖縄は大きな問題になるぞ。郵政は過去何をやって来たか、今何が問題になっているか」と問題意識をぶつけました。するとその補佐の反応が嬉しかった。「勝野さんも沖縄、気になりますか？　ここらで乗り出さなければ役人としての名折れのような気がします」。

私たちはすぐ腹を固めました。「これまで沖縄振興に関しては箱物、土木ものばかりで、県民の真のニーズには十分応えていないのではないか。一方で情報通信もきっかけがなければ話にならず、このままではダメだろう。そもそも情報通信に関しては地元から要望も出て

図表43－1　沖縄マルチメディア特区構想（平成９年）の概要

沖縄をアジア太平洋地域における情報通信ハブ地域として成長発展させていく。

そのため、先進的インフラ＋多様なアプリケーション＋コンテントの集積を図る。

～沖縄のアジア・太平洋地域における情報通信ハブ基地化～８つのアピール

１．沖縄県の意向を十分踏まえて策定

沖縄振興策の策定は政治的に極めて重要な課題であることに鑑み、本年８月から意見交換。県の意向を十分踏まえて策定。

２．沖縄の特性を十分に考慮。

「水資源に乏しい」「台風による影響甚大」「青い海と白い砂の環境」「若年失業率が高い」「離島が多い、東京から遠い」等の特性を考慮して策定。

３．「国際都市形成構想」（21世紀の沖縄のグランドデザイン）に沿い、沖縄を我が国の情報通信の心臓部として形成

「国際都市形成構想」の実現を推進し、沖縄をアジア・太平洋地域の情報通信ハブ基地化。沖縄を我が国の情報通信の心臓部として形成・発展。

４．関係省庁等と連携し、多面的かつ重層的に沖縄の情報通信ハブ基地化を実現

多様な分野で関係省庁と連携するとともに、「技術、人材、情報」「アプリケーション・モデル」「コンテント」等を重層的に集積。

５．民間活力を活用して効果的に国の施策を展開

「特区構想」の一環として、ＮＴＴ、ＫＤＤ、ＮＨＫ等の協力策が既に具現化。こうした民間活力の活用により、相対的に少ない予算で大きな効果。

６．海外との連携等、国際的視点についても留意

「特区構想」の内共同利用型の研究開発施設は、アジア・太平洋の諸国を始めとする海外との共同研究にも広く開放。

7．総理のプロジェクト。総理大臣談話、総理所信表明演説の趣旨にも合致

1）地域経済としての自立　2）雇用の確保　3）県民生活向上　4）我が国の発展に寄与する地域としての整備　の4点を満たす構想。

8．沖縄振興策であると同時に、日本の命運をかけたプロジェクト。政治の決断で強力に推進

「沖縄マルチメディア特区構想」は、情報通信の激烈な国際競争の中で、事務的な積み上げでは実現困難、かつ、政治主導であるが故に大胆なプロジェクトを盛り込み。

（最後に）

空港や港湾のように大規模なフィージビリティ・スタディや環境アセスメントも必要なく、時間がかからず、立派な箱物を必要とすることもなく、予算措置さえ行われれば、即実現可能。

（出所）　郵政省作成

きていないのではないか。まず、地元幹部に情報通信のよさを知ってもらわねばならない。沖縄県庁はじめ主要市町村の首長にアポイントをとって、行脚の旅に出よう」。小笠原室長補佐とこんな話をして、「沖縄マルチメディア特区構想」の案をカバンに入れ、沖縄日帰りを数回繰り返しました。アグレッシブな部下に恵まれたことに感謝しました。

沖縄振興の文脈において、それまで郵政省の出番は沖縄県産品のゆうパック料金の弾力的な設定等にとどまっており、他の官庁が推す、所謂箱モノ支援のような派手さはありませんでした。そのことが逆に、マルチメディア特区構想の新鮮さを植え付け

ることとなり、私も、八つのアピールにあるような、従来と違った振興策であることを強調しました。

なぜ沖縄問題に力を入れるのか

なぜ私が沖縄問題に力を入れるのか。歴史的な背景（基地の問題を含む）、アジアにおける安保の問題などさまざまなことがあります。

結論がそう簡単には出ない難しい問題であることはよくわかっています。しかし、元名護市長で名桜大の名誉理事長をされた比嘉鉄也さんや比嘉さんのあとに名護市長になられた岸本建男さんの節目節目におけるご発言、あるいは私に相談に来られたときの真剣さといったことを考えると、私個人の体験としてとっておくのはもったいないと考え、この本でもいくつかのエピソードとキーワードを紹介したいと思います。沖縄の皆さんと同じような立場で考えてもらえれば、読者の皆さんの人生もより深まるのではないでしょうか。

沖縄の問題を考える際、私が心にとどめているのは以下のようなことです。

沖縄県民の心のシンボル　首里城と獅子舞

（出所）　高橋和彦（郵政省OB）画

(1)　比嘉名護市長との出会い

比嘉名護市長は、平成九年一二月二四日に橋本龍太郎首相と会談。その際に次のような発言をされました。発言のなかで「介錯」という言葉があり、最初は「あれっ？」と思いましたが、すぐにそれだけ気合の籠った言葉であることに気づきました。仕事上とはいえ、こういう立派な人物に巡り合えたことには感謝するばかりです。

「今日は私の真意を伝えるために上京した。海上ヘリポートを受け入れると同時に、明日（二五日）辞任を表明する。国益は県益、県益は市益、市益は国益に通じると考えての決断だ。辞任の決断をするにあたり、大義名分・時期・場所・介錯・遺言状ということを考えた。大義名分はお互いに困っているときに助け合うのが国と市のあり方ではないかということだ。時期は今しかない。遅くなるほど市民の対立は深刻になる。今朝、妻に決断を伝えた。その後、助役と企画部長と話し合って決めた。遺言として言いたいのは南北格差のある我が県の北部の振興である。北部全体の人の思いが実るような閣議決定をしていただきたい。次の市長選で私の後継者が当選できるよう支援をお願いしたい。大田昌秀知事については、その支持基盤など立場があることを大所高所から考えてわかってあげてほしい。北部の人々を賛成派と反対派の二つに分けた責任を感じる。私が辞めることで、人々が争うことを避けることができる。双方の顔が立つためにはこれしかない。七〇歳まで十分生きさせてもらい、大変ありがたかった。散るべきときに散りたい。郷土のために捨て石になりたい」

(2)　NTT番号案内センター視察時の比嘉名護市長の仰天行動

比嘉市長は虎ノ門のNTT番号案内センター内を見学されながら、オペレーターの一人に小声で「ちょっとだけ代わってくれませんか」と耳打ちされました。私はヘッドホンを被ってみるだけかと思い軽い気持ちで眺めていたら、お客様からの入電あり。普通、こうしたケースでは周りが慌てるものですが、比嘉市長は笑顔で淡々と応答されオペレーターの役割を見事に果たされました。あとで聞くと、太平洋戦争では電信員として従軍されていたそうです。

センターの視察を終えて羽田空港へ向かう際、車のなかをのぞくと、後部座席に狭いながらも一人分のスペースを確保できることがわかりました。そこで、予定には入っていませんでしたが、比嘉さんに私が空港まで同乗させてもらうことをお願いし、センター視察の感想をさらに詳しくお聞きしました。空港到着後も三〇分程度喉を潤す時間がありそうでしたので、時間厳守の約束で感想ヒアリングの第二ラウンドへ。このときのことを、比嘉さんはずいぶん後になってからも「時間のないなかで次から次に新しい提案をされる郵政省の前向きな姿勢に感激した」と懐かしくお話しされていたようです。

(3)　ＮＴＴ番号案内センターの設置（那覇→名護西海岸→名護東海岸）要望とＮＴＴの「あっぱれ」ぶり

名護市の三羽烏（比嘉市長、岸本助役、末松文信企画部長）の凄さは、雇用促進効果が大きく、しかも組織として抜群の安定感があったＮＴＴのコールセンターを、すでに那覇にあったにもかかわらず、名護市の西海岸、さらには名護市の東海岸にも設置してほしいと要望するという厚かましさにありました。

私はＮＴＴと名護市の間をピンポン玉のように行ったり来たりしただけでしたが、ＮＴＴの太っ腹にも脱帽しました。登場人物がみな沖縄への熱いシンパシーを抱いていたことを嬉しく感じました。

(4)　沖縄を語るうえで欠かせないその他のキーワード

・太平洋戦争で唯一の日本国地上戦
・大量の自決者、ひめゆりの塔はその象徴
・大田実海軍中将の自決時の海軍次官に宛てた電文「……沖縄県民斯（か）ク戦ヘリ　県民ニ対シ後世特別ノ御高配ヲ　賜ランコトヲ」
・基地の集中、しかも、住宅密集地域に
・普天間基地移転問題
・基地経済依存体質の功罪
・緊張度を増す台湾海峡問題、アジアの安全保障問題
・沖縄のために自分に何ができるか。仕事を通じて、日本人として、人間として

エピソード
45

沖縄政策協議会「宴の後」

平成八年、沖縄県が地域経済として自立し、雇用が確保され、沖縄県民の生活の向上に資するため、また、我が国経済社会の発展に寄与する地域として整備されるよう、沖縄に関連する基本的政策を協議する場として「沖縄政策協議会」が設置されました。内閣官房長官が主宰し、総理大臣を除く全閣僚及び沖縄県知事がメンバー。現在、協議会の下には、「米軍基地負担の軽減及び沖縄振興策に関する諸課題への対応」を目的として「小委員会」が設置されています。

岸本市長とは、助役時代から知己を得ていましたので、沖縄政策協議会終了後、どちらから言い出すともなく、二人きりで、ウイスキー一本を限度として、岸本さんの悩みを一緒に考えるようになりました。

ご本人に確認したわけではありませんが、私が受け止めた岸本さんの悩みは、助役の頃から一貫して次のようなものだったように思います。

①　沖縄から基地は減らしたい。

②　普天間基地の移転は特に急がねばならない。

③　しかし名護市へもってくるのは気が進まぬ。

④　でも、それ以外に道は無し。

⑤　ならばどうする？

岸本市長の心中を察するに余りありますが、これに対して、私もぶれることなく覚悟を決めて私の思うところに従ってアドバイスを行いました。ただ、ウイスキーのボトルが底を突く頃には二人とも酩酊し、「今夜は私がボディガード」、否、「ＳＰなら私のほうが向いている」と譲らず、私がライフワークとしている合気道の構え（「構え無し」とされる合気道にも「無構え」という構えが存在する）をすれば、学生時代にならしたボクシングのフットワークを見せ青春時代に戻る岸本さんの姿がありました。

岸本さんは、平成一八年に他界。岸本さん、糖尿病を治してから追いかけますので、しばらく待っていてください。また、一杯やりましょう。

エピソード
46

郵政省における研究機関の系譜

平成一〇年夏から一年間、私は郵政研究所の通信経済研究部長の職にありました。

まずは、郵政事業における研究機関の系譜について概観してみましょう。

明治四年創業の郵便事業は、政府の財政事情の苦しいなかにあっても、二年後の明治六年にはほぼ全国ネットワークを完成させていました。その実現のためには、民間活力導入の先進事例といわれる特定局制度を始め、より効率的な業務運営のため事業用物品の使い勝手をよくするなど、コストを圧縮する観点等から組織の隅々まで改善を図る気風で満ちあふれていたと想像します。制服、配達鞄、屋内作業時の椅子、区分方法、はがきの材質等の地道な改善を重ね、こうした実績を集約し、昭和の時代には官房資材部に「用品研究所」という組織まで誕生しています。

その後、「郵貯VS大蔵・民間金融機関一〇〇年戦争」といわれるような論争が起きたこ

図表46－１　郵便法、郵便貯金法、簡易生命保険法の第１条（この法律の目的）

郵便法	この法律は、郵便の役務をなるべく安い料金で、あまねく、公平に提供することによつて、公共の福祉を増進することを目的とする。
郵便貯金法	この法律は、郵便貯金を簡易で確実な貯蓄の手段としてあまねく公平に利用させることによつて、国民の経済生活の安定を図り、その福祉を増進することを目的とする。
簡易生命保険法	この法律は、國民に、簡易に利用できる生命保険を、確実な経営により、なるべく安い保険料で提供し、もつて國民の経済生活の安定を図り、その福祉を増進することを目的とする。

（出所）　官報

とから、理論武装を強化することを主目的として、昭和六三年に郵政三事業と情報通信に関する「郵政研究所」が創設され、用品研究所はその研究所の一機関として「技術開発センター」として位置づけられました。公社化時には経営企画部門のシンクタンク的機能として役割が期待され「郵政総合研究所」と改名されましたが、残念ながら民営化時には廃止となってしまいました。

郵便事業創業からの一五〇年の歴史を振り返ると、前半は研究機関でも郵便・貯金・保険の各事業法の第一条を踏まえ、実務上の改善につながるような研究に重点を置いていたようです。一方で後半は外との戦い、例えば、民間金融機関や行政改革推進委員会等外部からの批判に対応する必要が生じたことから、理念とそれを支える理論をしっかり詰めることが重要になりました。

ただ、例えばユニバーサルサービスについてどのように考えるのかといったことについての研究体制を、もう少し早く充実させればよかったのではないか。そうすれば、より信頼の厚い民営化ができていたのではないかと思います。なぜならば、日本でユニバーサルサービスを提供している代表的企業は日本郵政であり、その責務を果たしつつ何か新しいことを行う場合には、理論と実践のいずれもしっかりとやっている強力な組織という実績がものをいうからです。

ユニバーサルサービスを提供していくうえで重要なネットワークについては、電話の研究から導かれた次の法則のようなものがあり、他のネットワークにも応用可能だと思います。その結果、例えば、異なるネットワークビジネスを相互に接続すればどのような効用が、どの程度、増えるかといった研究テーマへのニーズが高まることも考えられます。そしてそうした研究・理論も踏まえた実践、すなわち実際の業務展開が期待されます。

・ネットワークの外部性――加入者の利用料（便益）は加入者数（加入者名）に依存して決まる。

金融フォーラム

ネット時代の金融業

郵政研究所
通信経済研究部長
勝野　成治氏

再編迫られる業

興産一万人——。銀行マンだった亡き父との会話の中に登場した言葉である。意味が理解できず尋ねると「産業を興し企業を育てて、貧しい人たち一万人の暮らしを豊かにすることだ」と説明された。「行訓」であり、当時の銀行マンの使命感や公共性を物語る言葉である。ただ父は四十歳代前半で銀行を辞めた。

「融資を打ち切れば会社は倒産、家族を夜逃げに追い込むことが明らかでも、切らざるを得ない場合がある。それが耐えられなかった」と話していた。行訓の理念と現実の行動がかい離している一例で、銀行の「私企業」としての限界がにじみ出ている。

融資先の企業を何とか助けてやりたいが、組織としてはままならない銀行マンの心の中にある苦悩と葛藤（かっとう）。銀行マン一人ひとりが、私企業に属しながらも、使命感や公共性を真摯（しんし）に追求するからこそ生じる。その集積が銀行のイメージや信用となって結実する。

存在自体が消滅も

「（使命感や公共性を忘れた）バブル期を反省する」とは銀行関係者が、公共性と私企業性をその時々のご都合主義で使い分けることをやめ、両者の重なり合う部分で仕事に徹するしかない。そして産業育成や地域経済の活性化など本来の役割を一刻も早く取り戻さないと、次々と大きな荒波が押し寄せ、存在自体が消滅する可能性がある。

電子商取

荒波の原因は情報通信技術の発展。例えばインターネットブローカーやバンカーが登場することだ。彼らは店舗を構えず、経費を削減、その分安価な手数料・高い預金金利を提供する。顧客は窓口に並ぶ時間も節約できる。日本では胎動段階だが、米国では急成長中だ。「競争相手は隣の銀行」と言う従来の固定観念を突き崩してしまう。こうなると地域密着する以外には地方の金融機関が生き残る手立てはなくなるかもしれない。

消費者も巻き込む

消費者を巻き込んだ電子商取引の本格化も荒波になる。

前世紀末の主張にもかかわらず、その内容は少なくとも半世紀先を見つめている

業界地図

引が引き金に

インターネット上の電子商取引は一定の安全性、信頼性が確認・定着すれば急拡大するだろう。金融機関は電子決済の顧客囲い込みに向かい、通信事業者は電子商取引を自らのネットワーク上で実施されるように懸命になる。

あるホームページにアクセスすると各種情報を含め欲しいものがすべてネット上で手に入るワンサイト・ショッピング。これに対応した"ポータルサイト（ネットワークの玄関の機能を果たす、利用者が最初にアクセスするホームページ）競争"が既に起こっている。通信事業者はポータルサイトを自己のネット上に誘致し、銀行はその電子決済を独占しようとする。金融機関と通信事業者の距離を一段と縮め、資本関係をも含めた業務提携などを一層進展させていくだろう。

既に会社の定款に電気通信業と金融業を追加した大手家電メーカーも出現した。都銀と第一種電気通信事業者の大型合併というような話も遠くない将来、俎上に上るかもしれない。電子商取引をベースとする金融・通信の融合への対応の巧拙は、業界地図の再編をもたらすことになろう。

この問題は通信事業者と銀行だけの問題ではなく、実は国家戦略としても極めて重要である。ポータルサイトの一国集中は、決済の集中、情報の集中へとつながる。民間の商取引の世界の話のようであっても、国家安全保障の観点から看過できない重要な問題も内包している。

情報化の動きと並行して、日本では少子高齢社会が先進国の中で最初に到来する。インターネットバンカーの出現により地域密着型に走らざるを得ない地域金融機関も活路が存在する。加齢とともに視力・聴力は衰える。情報端末が便利になっても操作を敬遠する人口は多い。この分野では「対面サービス」こそ最高のサービス」との誇りを持つことが重要になる。

「興産一億人」の時代

さらに地域においては介護・福祉の充実が今後、重大な課題となるが、官民ともに取り組みが後手後手の状態。地域金融機関には地域における介護ビジネスの育成に心血を注ぐことは、自らのビジネスチャンス拡大にもなる。そのために、職員全員に手話や社会福祉士の資格を取らせ、介護ビジネスの仕組みを理解するぐらいの新しい発想も必要になるかもしれない。

インターネットの普及に伴い、市場は急速にグローバル化するとともに、その一方で個性的なローカル市場もクローズアップされる。二十一世紀は、銀行の金融仲介機能・決済機能ともに、この市場のグローカル（グローバル＋ローカル）化への対応を求められる時代である。「興産一万人」は「興産一億人」に改めるべきかもしれない。

（出所）「日経金融新聞」平成11年7月7日

・クリティカルマス（臨界点）の存在。
・受信の外部性：対価を払うことなく受信によって便益を得ることができる（負の便益もある）。
・ネットワークの効用は、加入者数（＝アクセスポイント）の二乗に比例する。

酒にまつわるエピソード 6

御用納めの日の事故

平成一〇年末のことです。大学の先生方が主なメンバーとなっているインターネット関連の研究会の開催日を委員の皆さんのスケジュールの都合上、一二月二八日の御用納めの日にセットせざるを得ないこととなりました。当時は御用納めをした後には職場で軽く一杯飲んで一年の疲れを癒したうえで帰宅するのがならわしでしたので、研究会の委員の先生方とも乾き物で軽くお酒を酌み交わし始めたのですが、委員の先生方の数が多かった。ついつい、いつもの調子でメーターが上がってしまい、気がつけば一升酒。

その夜は、別の会合（某都市銀行幹部の友人たちとの懇親）の予定があったことを思い出し、赤坂見附へ直行しました。会場には友人の他に体格が平均以上のガッチリしたその都銀のラグビー部所属の方々が数名。お酒を少しいただくうちに彼らからの腕相撲の挑戦を受けることになってしまいました。はて、さて、結果は？　もちろん、私の連戦連勝。圧勝でした。ここで「勝って兜の緒を締めよ」「長居は禁物」なので、先にお暇することとし、皆さんに別れを告げて帰宅の途につきました。

赤坂見附の横断歩道を渡り、山王下の神社に通じる坂道を自転車で登り始めたところ、急な坂道と先ほどの腕相撲の力み過ぎのせいで酔いが回ったためか、ハンドルがふらつくことに気がつきました。「これはまずい」。気を引き締め直し、ペダルを漕ぐのに集中したところ、後ろからトラックが勢いよく追い抜いて行きました。その瞬間、トラックの風圧でハンドルをとられ、左側のガードレールに激突。顔面を強打。自転車のハンドルも曲がり、動くに動けません。声を出そうとしても、「あーうー」と唸っているばかりで言葉になりません。そこでようやく尋常ならざるほど、酔いが回っていることに気がつきました。

師走の寒さのなか、一時間ほどその場で大の字になって寝転がり、眠ってしまうと凍え死にそうなので、目を開けたまま空を眺めました。年も押し迫った一二月二八日の夜ですから、人通りはいつもより少ないのですが、わずかながら人の往来はありました。そのうち、何人かの人が「大丈夫ですか?」と声を掛けてくれる。「大丈夫じゃない」「助けて」と叫ぼうとしましたが声になりません。そんな私を見て、逆に「気持ち悪い」と立ち去る人ばかりでした。

私が必死で「助けてくれ」と言っているのに、言葉にならないもどかしさ。「救急車を呼んでくれ」と言っているのに、面倒なことにはかかわりたくないという思いからか、私が何を言おうとしているのかを理解しようとしてくれない人の多いこと。「大丈夫そうですね。これで血を拭いてください」とポケットティッシュを置いていってくれた女性が一番優しかった人として記憶に残っています。

二時間近く経った頃でしょうか。誰も助けてくれそうにはないので自分で帰るしかないと、歪んだハンドルと眼鏡を直し、自転車を押しながら九段下の官舎まで帰宅。家族は皆心配し、長女が近くの大学病院までタクシーで連れて行ってくれました。病院では右の眉の辺りを黒糸で七針。

実は年明け早々、沖縄で講演があり、抜糸しないまま演台に立ったところ、聴衆の一部の方から「眉毛が濃くなり沖縄出身のようですよ」との声が届きました。「人間万事塞翁が馬」とはいいますが、都会の人の冷たさを垣間見たような何とも痛寒い我が人生における最大最悪の失態の一つです。

エピソード
47

妻の異変と筑紫哲也さん

ここで少し、私の家庭のことに触れておきたいと思います。私が四四歳の時（平成一一年）、妻が脳腫瘍で亡くなりました。右足の親指が動きにくくなり、「転びやすくなった」と異変を訴え、右足首、右膝、腰の右側、脊髄、頚椎等のレントゲンを撮るが原因は特定できず。そうこうしているうちに右足の動きにくさは次第に右半身全体に広がりました。脳のMRI等を撮ったところ「脳腫瘍」との診断。担当医師からは「手術をしなければ余命一年以内、手術をしても五年は難しいかもしれません」と宣告されました。闘病生活三年半でした。

ちょうど沖縄問題が燃え上がる直前ぐらいから、くすぶり続けている最中のことでした。その頃は子どもはまだ小さく（中学生一人、小学生一人、幼稚園年長一人）、大変なこともたくさんありましたが、ニュースキャスターの筑紫哲也さんとのご縁は忘れられません。筑紫哲也さんは九州のご出身なので、「九州つながり」といえるかもしれません。

筑紫哲也さんからいただいた色紙

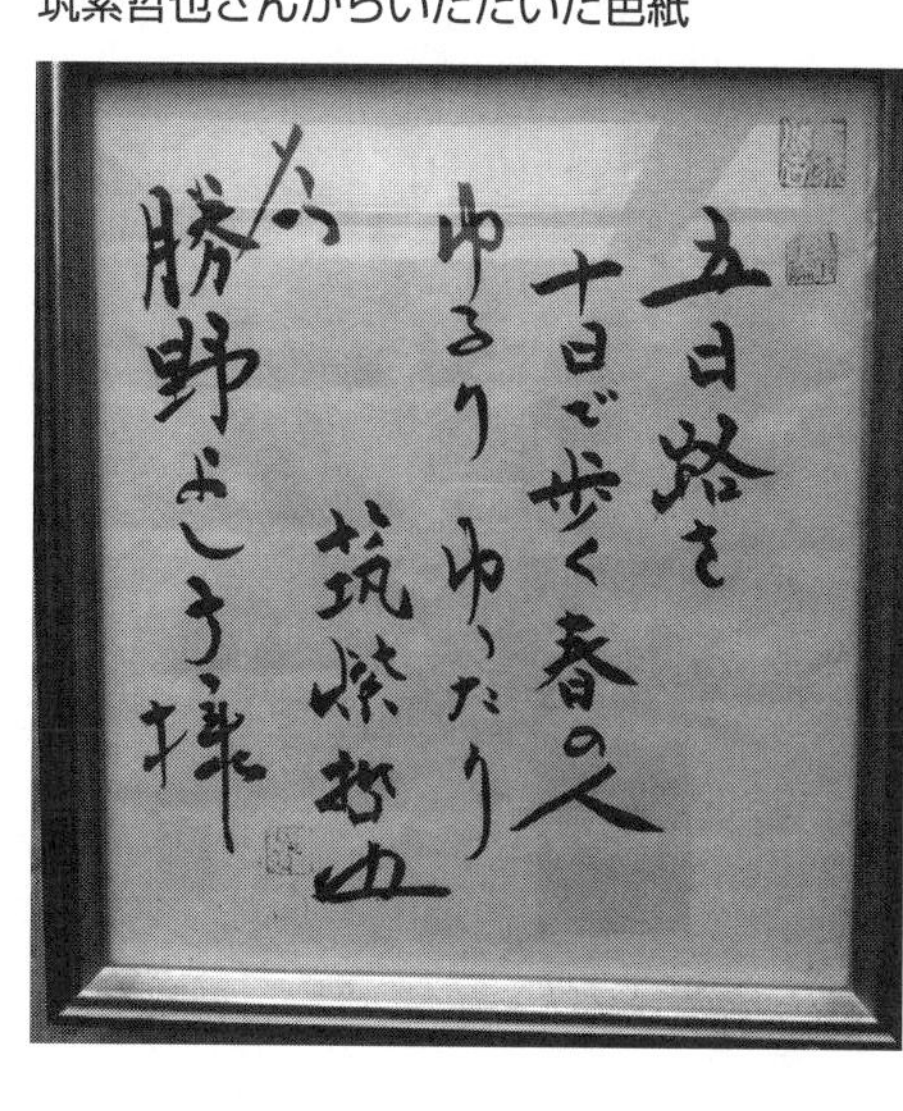

妻は筑紫哲也さんの大ファンでした。たまたま、私が筑紫哲也さんの近くで仕事をすることがあり、経緯をお話したうえで色紙へのサインをお願いしました。すると「少し時間をください」とおっしゃりつつ、快く引き受けてくれました。その後、筑紫さんから色紙が送られてきました。

春の旅人になぞらえ、「病気治療は焦らずに時間をかけてじっくり気長に景色を楽しみながら取り組んでください」という筑紫哲也さんの優しい人柄がにじみ出ている詩でした。妻は大変喜び、ますます、筑紫さんのファンになったようでした。妻が逝ったあと、今度は、筑紫さんが肺癌で闘病生活をされていることを聞き、「何とか病に打ち勝って、全国の同じ病気の患者に希望を与えてほしい」と願っていましたが、残念ながら、平成二〇年一一月にご逝去されました。ご冥福をお祈り申し上げます。

エピソード 48

職務質問と防犯登録

中央官庁の仕事は「遅い登庁と超遅い退庁」として有名ですが、私が歩んだ道もご多分に漏れず、その典型でありました。困るのは終電が無くなったあとに帰るときです。若い頃はすでにお話したように大学の道場（七徳堂）に泊まり込んだり、ジョギングで帰ることもありました。しかし、中堅になってもタクシー代は一割程度しか支給されず、ほとんどの場合は持ち出しとなります。要するに「終電に間に合うように能率を上げて仕事をしろ」ということなのでしょうが、国会等の関係からいくとそういうわけにもいきません。議員の先生方からの質問が出てくるのが質問日前日の深夜、あるいは当日の未明になる場合が多く、終電には間に合わないことが頻繁にあるわけです。残業で終電に乗り遅れることが多く、かつ、組織として十分な量のタクシー券を用意できていない状況では、個人の知恵と生活防衛本能として、休みの日に自分専用の自転車を霞が関の駐輪場スペースに持ち込み、終電に乗り遅れた場合にはその自転車で帰る職員もいます。私もその一人だったのですが、私の場合は前赴任地の近畿郵政局勤務時代に住んだ奈良から引っ越しをした都合上、購入直後の自転車を防犯登録する時間がないまま東京に持って来たため、自転車泥棒の疑いをかけられて「特に念入りな職務質問」を何度も受けました。不審な人物ではないと説明するのですが、スンナリ信用してもらえるとは限りません。ただ、プロローグに登場した警察庁の採用面接官とは大違いで、話せば話すほど味わい深くなるお巡りさんばかりで、いつしか私自身、人間性を回復するための「薬」がわりに声をかけていただくのを楽しみにしていたように思います。もっとも警察の皆様にはご迷惑をおかけしたことは間違いないので改めてお詫びしたいと思います。

エピソード 49

民営化のうねりのなかへ

郵政事業（郵便、為替・貯金、簡保）が創業して以来一五〇年間の経営形態の大きな流れは以下のとおりです。

ア⇒イ⇒ウ⇒エの流れは、それぞれ、前段階までの路線の延長線上にある形態でしたが、エ⇒オはいわゆる「小泉劇場」、オ⇒カは「政権交代」に伴うものであり、前段階までの路線を否定し、若しくは、大きく異なる要素を加味したものでした。つまり、郵政事業の経営形態は、短期間のうちに、「公社→五分社→四分社」と、大きく変わったわけですが、その結果、組織のなかで働いている人間としては、大変な混乱を経験することになりました。例えば、

ｱ) 郵便（1871～）為替・貯金（1875～）簡保（1916～）：国営
⇒ｲ) 郵政省（国営）：1949～
⇒ｳ) 郵政事業庁（総務省：国営）2001.1～
⇒ｴ) 新型国営公社：2003.4～
※① 2005.10 郵政民営化関連法案成立（小泉劇場）
⇒ｵ) 民営５分社化：2007.10～
※② 2009・9 政権交代（民主、社民、国民新３党連立鳩山内閣成立）
⇒ｶ) 民営４分社化：2012.10～

職員数、貯金・保険総資金量、店舗数等の巨大さなどからして、五分社化が四分社化になるといった民営化の制度設計が少し修正されただけでも、組織の舵取りをしている人には、もの凄い圧力がかかります（平成二一年九月の政権交代時）。さらに、国営から民営化への移行等抜本的な設計変更の場合は、変更前の取組みの否定からスタートしますので、それまでの取組みが全面的に無駄になってしまう場合もあります。

私は、郵政民営化の最大の不幸は、ここにあると考えています。経営形態が変わるたびに、それに対応するためにコストがかかるのは当然ですが、それだけではありません。経営が変わるということは、それに

図表49－1　5社体制から4社体制へ

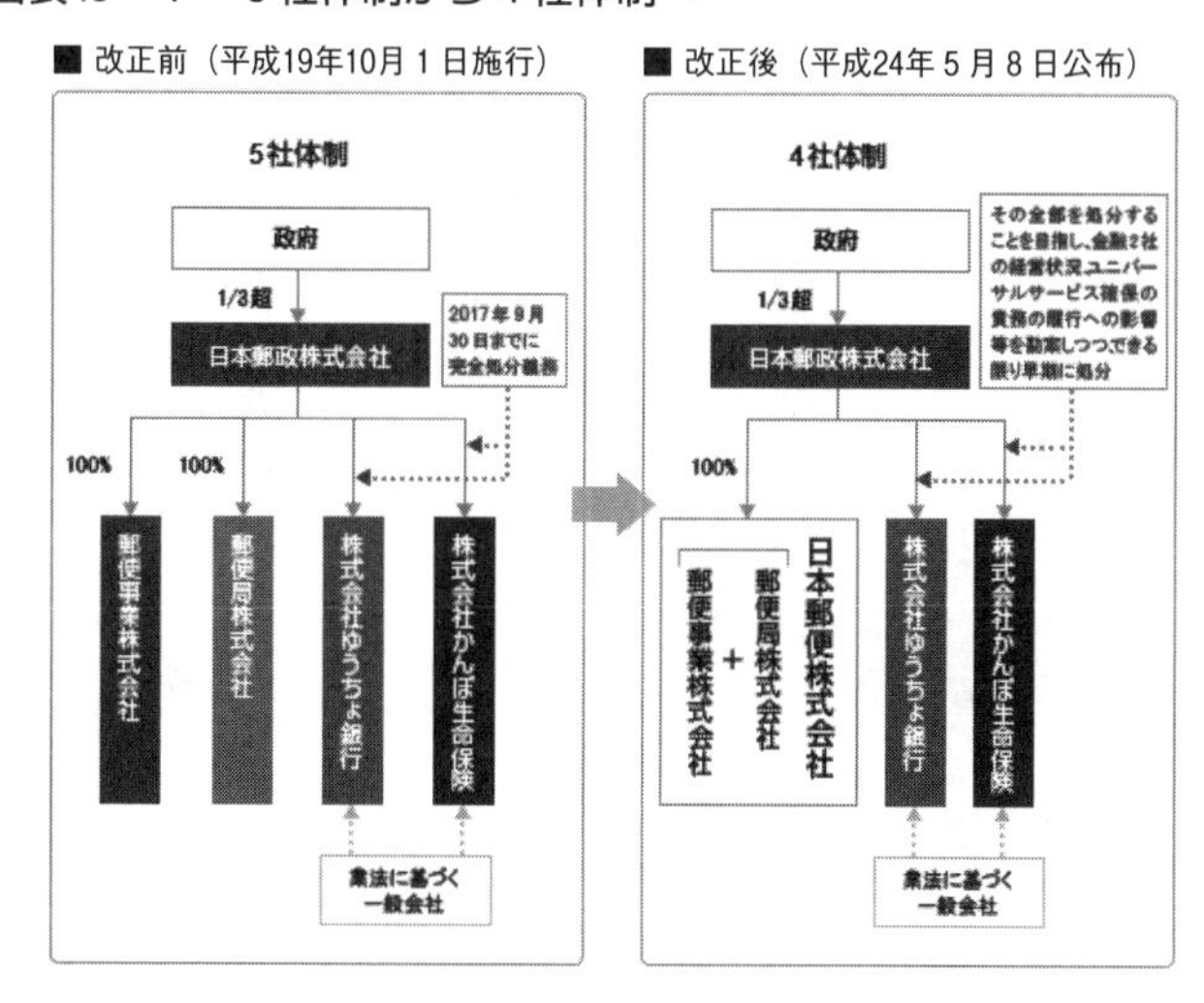

対応する人材配置も大きく入れ替わります。それは金銭的なコスト以上に大きな損失というべき事態を招きます。短期間に何度も経営形態が変わればその影響は甚大です。それだけに政治との距離感に関する制度設計、例えば職員の身分は公務員か、みなし公務員か、その他、国民の信頼の拠り所となる根拠法令等について、より慎重な検討が加えられていくべきであったと考えます。

そのことを踏まえたうえで、もう少し具体的な流れをみておきましょう。

「民営化」という言葉が頻繁に使われるようになったのは、昭和五〇年代、郵便貯金残高が飛躍的な伸びをみせた頃からではないでしょうか。「郵貯がこれ以上、民業圧迫するのであれば民営化してもらうほかない」「郵貯を同じ土俵に解き放ち、民間金融機関と競争させるのであれば、競争条件のイコール・フッティングが大前提。そのためには民営化するしかない」――。しかし、この頃の民間金融機関の主張は、本気で郵貯の民営化を望んでいるというよりも、郵貯の行動をけん制する狙いのほうに重点が置かれていたように思います。

平成八年からスタートした第一次橋本内閣の「行政改革会議」では、郵政事業のあるべき姿が本格的に議論され「中央省庁等改革基本法」（平成一〇年）にまとめられています。そこでは、次のような内容が盛り込まれています。

① まず、郵政事業庁をつくる。

② 公社化の準備が整った段階で、郵政事業庁を丸ごと新型国営公社へ移行させる。

③ 新型国営公社の骨格は、

ア：独立採算のもと、かつ、弾力的な経営を可能とする

イ：主務大臣による監督は法令で定めるものに限定する

ウ：予算及び決算は企業会計原則に基づき処理する

エ：予算は国会の議決を要しない

オ：繰越、移用、流用、剰余金の留保を可能とするなどその統制を必要最小限のものとする

カ：経営に関する具体的な目標の設定、中期経営計画の策定及びこれに基づく業績評価を実施する

キ：前記ア〜カの措置により民営化等の見直しは行わないものとする

ク：職員については、公社設立法において、一般職の国家公務員と同様の身分を保障する（団結権○、団体交渉権○、争議権×）

ケ：定員管理の対象外とする

中央省庁等改革基本法では新型国営公社について「従来の公社や特殊法人等よりも柔軟な経営を可能とし、職員の身分は国家公務員とする」とされており、さらに、これをもって郵政事業の「民営化等の見直しは行わない」という条文まで入っていましたので、郵政事業の経営形態についての論議はやっと終わったなというのが私の正直な受け止めで、安堵の胸をなでおろしていました。

エピソード
50

公社発足前までに片付けておかねばならないこと

平成一三年、郵政事業庁が発足しました。平成一五年の新型国営公社発足までに業務の効率化を徹底的に図り、かつ公社の具体的な制度設計を行うこととし、関係者一同、よりよい公社づくりに向けて燃え始めました。

私は郵政事業庁発足と同時に、簡保事業団総務部長から郵政事業庁郵務部管理課長へ転任し、業務効率化のための「郵便新生ビジョン」の取りまとめを前任者から引き継ぎ、断行しました。具体的には、五年間で郵便関係職員一万五〇〇〇人の削減を打ち出すとともに、組合の協力なしには円滑な実行は困難と考え、全逓・全郵政二つの大きな組合に声を掛けて「労使共同作業」で土俵を広げ、一緒によりよい新型国営公社をつくっていこうと提案しました。

郵便事業の主要な費用は、①人件費、②集配運送費、③施設設備費などですが、新型国営公社の制度設計において「職員の身分は国家公務員で、定員管理の対象とせず、自律的かつ弾力的な経営を可能とする」というコンセプトとの調和を図るうえで、最も神経を使うのは「人件費」であるのは自明でした。そこで「郵便新生ビジョン」のなかで人事給与制度見直しの大切さを強調しました。このような取組みが評価されたのか、半年程度で、郵便の管理課長から、郵政事業庁人事課長へ転任することとなりました。

エピソード
51

ラグビー平尾氏との再会

ラグビーの全日本監督の平尾誠二さんと最初にお会いしたのは、通信・放送機構の研究開発の打合せのため、私が神戸を訪れたときです。その後、平尾さんは日本ラグビー界の改革の旗手として超ご多忙になられましたが、そんななかにあっても、簡易保険福祉事業団の職員研修の特別講師をお願いすると、ご快諾くださり、企業（事業団）の抱える人づくりの課題について熱く語っていただきました。そしてそこで気づいたことを、逆にラグビー界の人づくりにおける課題解決にもつなげようとされていたように思います。

私が郵政事業庁人事課長に就任したと聞きつけて、激励にお越しいただいたときにお伺いしたお話には大変感銘を受け、郵政公社の人事制度設計に反映させました。

平尾さんは、「うさぎ跳びでグラウンド三周」といったような日本の運動部における「鬼コーチ」の伝統的指導方法に疑問を感じ、納得のいく指導、いわゆるコーチングの導入に力を入れておられました。コーチングの「コーチ」というのは、ヨーロッパの乗合馬車のことで、乗客を一人一人、目的地まで送り届ける面倒見のよさと責任感が売りだそうです。そういう言葉に由来をもつコーチという仕事は、それぞれの選手の個性を伸ばして、目指している選手になれるように一緒になって考えてあげる、それがラグビー界で目指すべきコーチ像であるといったことをおっしゃられました。

さらにコーチングの話以上に私が感銘を受けたのは、監督業の違いについてです。ラグビー以外のスポーツでは、選手は一挙手一投足、どうすればいいのか監督に指示を仰ぐことが多いのに対して、ラグビーの監督は試合が始まると観客席に上がっていって一切指導・指示はしません。そのため、選手はその時々の自分の判断でパスをするか、右へ走るか、後ろへ廻るかといったことを考えて次の行動を判断します。次のプレーへつなげていく自律型の選手がラグビーでは求められているといったお話をされていました。その話を聞いて、私は「これだっ!」と思いました。

現場管理者と話していると、よく、「最近の職員は言えばやるのだが、言われなければ何もしない」「指示待ちタイプが増えている」といったことを耳にします。であるならば、我々が目指す人材像は、「ラグビー型人材」、すなわち「自ら四囲の状況を判断して最適な行

コベルコ神戸スティーラーズ日本選手権Ｖ７達成記念の
ラグビーボール

動をとる人材」＝「自律型人材」であり、そうした人材を育成することを郵政の新人事制度の中核に据えるべきであると結論づけることに迷いはありませんでした。平尾さんにもご意見をお伺いしたところ、日本郵政とのコラボを含め、郵政の新人事給与制度改革の成功に対する精神的支援の証として、コベルコ神戸スティーラーズ日本選手権七連覇記念のラグビーボールをいただきました。

その後のラグビー界の発展はご承知のとおりですが、残念ながら平尾さんは平成二八年一〇月、不帰の人となられました。ご冥福をお祈り申し上げます。

エピソード 52

新人事給与制度

郵政事業庁は新型国営公社が設立されるまでのつなぎの組織でしたが、人事課としては、郵政企画管理局職員課、公社化統括官室と一緒に、新型国営公社の新人事給与制度の骨格の検討を急ぐこととしました。三つの組織のメンバーは、新型国営公社にとって、人事給与制度がどのような役割を果たすか、その重要性をよく理解している人ばかりでしたので、往々にしてあれもこれもと欲張った意見が出てきて、それを捌くのに苦労することになりがちです。このような事態を見越して、検討に入る前の段階で、人事給与制度改革の狙い、制度の骨格、各制度の趣旨、給与水準改定と制度改正の峻別、成果主義の光と影、納得性の高い評価制度等について、関係者の間で意識合わせをきっちりやっておきましたので、意見の集約は順調にいったと思います。

新人事給与制度もそうでしたが、骨格の原案はアバウトなもので構いません。むしろ、アバウトでスカスカのほうが好都合かもしれません。色々な気づきがあるたびごとに空白部分に追記していけばいいのです。

人事関係事務は、簡単に言うと、次のように流れていきます。

採用→研修→配属→評価→昇給・昇進・人事異動（→管理職）→退職（役員・第二の人生）。これに、報酬をどのように張り付けるかですが、その際のポイントは、報酬総額が同じになるならば、よりモチベーション・アップにつながるようなタイミングで支給し、かつ、効果的な仕掛けを工夫することです。以上を念頭に置いて、現状制度の問題点を広く深く把握しておけば「骨格」は自ら成長していきます。

次のメモは、平尾さんと対談直後にバージョンアップした「骨格」です。

■新人事給与制度　検討の視点【自律型人材＋マイルドな成果主義】

① 現状の問題点（職能給の理想に走り過ぎ？）
- 能力の客観的把握が不十分
- 責任の重い職務（上司）より給与の高い部下が多数存在

② モチベーション・アップの仕組みの不足

③　組織への求心力の希薄化〜職務体系の明確化＋職務・職責手当？
④　納得性の高い評価制度、評価コストの回収可能性
⑤　基本給と手当〜基本給は事業庁人事課・公社人事部主管。手当は原則、各事業部が主管
⑥　制度と水準の峻別〜制度改正は収支相償の枠内で。ただし、本人の責めに帰すべき事由なかりせば現給保障もあり水準の交渉は切り離し
⑦　キャリアパスとＣＤＰ（キャリア・ディベロップメント・プログラム）
⑧　健康管理と人生設計
⑨　常勤・非常勤、正規・非正規、人事院規則
⑩　システム化における懸念事項　その他

「骨格」ができあがりましたので、あとは郵便局の現場や労組に足しげく通い、肉づけをする作業を真面目に繰り返していくつもりでした。ところが、待っていたのは「小泉劇場」でした。システム対応のコストも公社一社を前提にするのと五分社化することを前提にするのでは、その規模が全く違います。お金を出すのは郵政事業庁なのですか

ら、せめてスケジュールや大義名分の確保くらいは、当方の意見を取り入れていただきたかったのですが、そうならなかったのが郵政民営化の悲劇かもしれません。

エピソード
53

公務員に関する当然の法理

日本では「公務員に関する当然の法理」というルールがあるのをご存じでしょうか。内閣法制局が昭和二八年に外国人の国家公務員任用で示した「公権力の行使または国家意思の形成への参画に携わる公務員となるためには日本国籍が必要」とする見解のことで、日本国籍をもたない人は、国家公務員として一定の役職以上には就けないというルールです。

郵政省の職員は国家公務員ですので、「公務員に関する当然の法理」が適用されていました。平成一五年四月に発足した新型国営公社においても、一般職の国家公務員と同様の身分が保障されていたので、同様に適用されていました。

平成一七年一〇月、小泉政権のもとで郵政民営化関連法が可決・成立し、平成一九年一〇月一日に完全民営化されたあとも、「社員の身分を公務員とみなす」旨の規定が適用される場合はあります。そのような場合に「公務員に関する当然の法理」の適用関係はどうなるのかなど気になることも少なくありませんが、具体的なケースに即し、今後、一つずつ解決されていくのでしょう。

私が人事部長をしていた平成一五年、在日三世の方が郵便外務職で課長代理になりました。外国籍の準管理職は実質的に初めてだったことから、一部のメディアにも取り上げられ、取材に応じた私は「意欲と能力の高い方については（中略）法律や『公務員に関する当然の法理』に抵触しない限り、国籍にかかわらずに適材適所の人事に心がけていきたい」と話をしました。

エピソード
54

ゆうせいチャレンジドと人づくり

日本郵政の特例子会社に「ゆうせいチャレンジド」という会社があります。身体障がい者、知的障がい者、精神障がい者等の方々を直接雇用して独り立ちを支援する会社です。

政府は「障害者雇用率」という指標を定め、達成した企業には調整金、報奨金や各種の助成金を支給する一方、未達成の場合には納付金を徴収することで、経営者に対する動機づけを行いながら、ＳＤＧｓの観点から政策を推進しています（納付金の徴収は、常用雇用労働者一〇〇人超の事業主に限る）。

ゆうせいチャレンジドでは、障がい者五人程度にコーチを一人割り当て、計六名一チームで業務を行います。一チームから三チームを束ねる方をシニアコーチとして一人配置します。その他、管理部門に調査役、企画役、部長を置いています。主な業務内容は清掃、印刷・製本、頒布用のお菓子の袋詰め・発送等です。

私は平成二六年から平成二八年までゆうせいチャレンジドの社長を務めましたが、作業風景を見ていると、コーチの仕事は誰にでもできるわけではないことに気づきました。コーチには、人生経験豊富にして人格円満、指導力があるなど、要は人間力のある方が選任されており、若い頃から色々な仕事に就き、経験豊かな方、我慢強い方でなければ務まりません。コーチの定年は六五歳でしたが、退職されたコーチの後任がなかなか見つからない状況でしたので、私は、「機械的にやっていてはダメだ、定年を延長しよう」と決意し、管理部門の部下に「定年は何歳くらいまで延ばすのがよいと思うか?」と尋ねました。すると、「六八歳」「七〇歳」と控えめな答えばかり。私は、「七五歳」、ただし、「健康であることと原則として昇給無し」を継続雇用要件として決定しました。これにより、コーチ、シニアコーチの選任の苦労から解放されたように思います。

また、「日本郵政グループの現役の社員を出向で受け入れてはどうか」という意見もいただきました。人材育成は日本郵政グループ共通の課題です。グループ内での人事交流は、社員相互の育成も期待できますが、その選択肢の一つに、ゆうせいチャレンジドが加われば、出向した社員にとって、得難い人生体験の機会となるのは間違いありません。企業が社員に求める能力の一つに「コミュニケーション能力」がありますが、ゆうせいチャレンジドで相手の置かれた立場を慮ることの大切さを体得することにより、より一層の「コミュニケーション能力」を磨くことができるようになるはずです。

ゆうせいチャレンジドを日本郵政グループ内での「人づくり」にうまく活かしていく方法を考えていただきたい。これが、私からの切なるお願いです。

ゆうせいチャレンジドの社長時代には新宿郵便局の体育館を借りて「大運動会」を行ったこともあります。天井に協力会社から寄付していただいた万国旗が華やかにデコレートされるなか、ご家族や福祉施設の世話人の方なども大勢お見えになりました。その際、ご家族の方から「まさか、うちの○○（お子さんのお名前）が会社勤めできるようになるとは思いもよりませんでした。それも日本郵政グループの会社。夢のようで喜んでいます」とのお話を伺いました。私は間髪入れず、「嬉しいのは、むしろ私のほうです」とお答えしました。約半世紀に及ぶ郵政生活のなかでも最大の喜びの瞬間でした。

エピソード
55

公職選挙法違反事件

郵政事業庁の人事課長に就いて二か月ほど経った頃だったでしょうか。参議院議員選挙において、郵政関係者のなかからも公職選挙法違反容疑等で逮捕者が出ました。私は入省一年目から、公労委告示一号職員として、法令遵守の徹底を、人一倍厳しく指導する立場にあったことから、職員の違法行為は絶対に許すことはできません。まして、選挙違反のように、組織ぐるみと誤解されかねないような犯罪については、国民の信頼を失墜することが大きく、事業の将来を考えるうえでも絶対に避けなければならないと心に刻みました。

エピソード 56

取調室の風景（金融専門誌U記者との対談）

Q 郵政グループには約四〇万人の職員がいると聞きます。これだけの大所帯になると事故や犯罪も必然的に相当数にのぼると思います。職員数が多いから、ある程度、事故や犯罪が発生するのもやむを得ないと弁護するつもりは全くありませんが、事故犯罪防止対策は現役にお任せするとして、まずは四〇数年間に及ぶ郵政人生のなかで、ご自身が個別事案に巻き込まれたことがあったかをお聞きします。

A 個別事案に巻き込まれるとはどういう意味かということもありますが、参考人として、私からも話を聞きたいというような協力依頼を当局から受けたことは、ゼロではありませんでしたね。

Q 具体的な事案名等を教えてもらうことはできませんか。

A 私の部下が収賄容疑で逮捕された事案が一番記憶に残っています。この事案は、収賄側について、一審有罪、二審逆転無罪となり、検察側が上告せず、二審判決の「無罪」が確定したものです。本人の竹を割ったようなまっすぐな性格と真摯な態度を知る人間からすると、到底信じ難い嫌疑であり、本人及びご家族のご心労と一審での無念さは筆舌に尽くし難いものがあったであろうと察せられます。私は、被疑者の上司として参考人事情聴取に数回協力したのですが、回を重ねるたびに質問をする刑事さんの態度が荒っぽくなっていくのが、あまり感じのよいものではありませんでした。

Q 「回を重ねるたびに質問側の刑事の態度が荒っぽくなっていく」とは、具体的にどのようなことだったのでしょうか？

A 都道府県警察組織は全国四七あり、私が体験したのは、大阪府のみですから、私が話すことを全国に一般化して受け止めないようにしてください。それから、事情聴取に当たった刑事さんたちも上下関係が最も厳格といわれる警察組織のなかで上司からの命令でやらざるを得なかったこと、さらには、大阪弁という耳慣れないアクセントでの質問だったことなど、割り引いて考えてあげるべきこともいくつかあります。そのうえでお話をさせてもらいます。

私は、四回、事情聴取への協力要請を受けて、これに全て自腹で応じました。

事情聴取された部屋では、相手の刑事さんが私との間に置いたキーボードを打ち、議事録を作成していくのですが、その内容が私からも見えるようにモニター画面が置かれていました。

議事録の書き出しは一回目と二回目は「参考人事情聴取」となっていましたが、三回目からは「被疑者事情聴取」に変わっていました。そもそも参考人として事情聴取に協力してほしいとの依頼であったはず。そこで「話が違うのでは？」と投げかけてみました。すると、「よくあることだから気にしなくても大丈夫」といった回答が返って来ただけだったように記憶しています。

相手の人数も二回目までは一人ないし二人で、丁寧な言葉遣い、紳士的態度でした。それが三回目、四回目になると、人数も三人、四人、五人、最後は六人にもなり、荒っぽい言葉、大声、罵声を浴びせられ、「俺の質問に先に応えろ」「何を言っているのか、こっちが先だろう」と怒鳴られました。答える側の私が、質問の順番に従って真摯に答えようとすればするほど、頭が混乱してしまいます。悩んでいると、「ガッチャーン」とすごい音がする。「何事？」と思い振り向くと黒のダイヤル式電話機が部屋の奥の隅に力いっぱい投げつけられている。ますます、私の頭のなかは混乱してしまいます。「あんなに強く叩きつけたら頑丈につくられた昔の電話機でも壊れてしまうだろうに」「費用はあの刑事さんが払うのだろうか」などと余計な心配もしてしまいました。すると、比較的真面目そうな刑事さんが一人入ってきました。手には、大学ノート。何かメモでもするのかと見ていたら妙な動き。大学ノートを丸め出し、筒状に。最後に片方だけもう一捻り。先が尖っています。「これで突かれたら痛いだろうな。まさか！　そういう意味合いがあったのか」とビックリしました。

本事案は、第二審で逆転無罪になりましたので、冤罪の発生を止めることができ本当によかったと思っています。私が、本事案を通して強調したいことは、「取り調べの可視化」の是非を論じることの重要性もさることながら、あの「非人間的」と思えるほどまでに研ぎ澄まされた取り調べ室のなかで、一審、二審を通じて信念を貫いた部下への称賛と感謝です。

エピソード 57

簡易保険福祉事業団の全職員が国家公務員(公社)へ

簡易保険福祉事業団は、昭和三七年に設立された簡保の加入者福祉施設の設置運営等を主な目的とする事業団です。多い時には、全国に一〇〇を超える「かんぽの宿」「レクリエーションセンター」などの温泉付き療養型宿泊施設などを展開していました。これから日本が迎える超高齢化社会においては、介護を必要とする方が増加すると予測されますが、それに伴い、金銭以外の給付サービス付き保険に対するニーズも増大することは必至と思われます。橋本内閣の行政改革会議では、「郵政三事業については新型国営公社へ。特殊法人等は廃止を含めた見直しを継続検討」とされていましたが、簡易保険福祉事業団については、ホテル・旅館業に分類するのか、簡易生命保険事業の一部として取り扱うのか、議論が分かれました。最終的には郵政公社のなかで一体のものとして取り扱っていくのが適切と判断され、関係各方面の理解を得ることができました。これにより、簡易保険福祉事業団職員のモチベーションを下げることなく、新型国営公社の旗のもとに簡易生命保険事業と一体のものとして運営していく体制が実現しました。

この議論の結果に胸を撫で下ろすとともに、国民のニーズにしっかり応えていこうと関係者一同、思いを一つにしたのですが、今、振り返れば、このときの「燃え方」が足りなかったと猛省しています。つまり、高齢化社会における加入者福祉施設のあり方（介護・医療サービス付高齢者入居施設等の多様化）について、より深い検討を行わなかったことが大いに悔やまれます。簡易保険福祉事業団の皆様には、不安な思いをさせて本当に申し訳なかったと思います。改めて、心からお詫びを申し上げます。

エピソード 58

プリクラ切手 産みの苦しみ

郵政事業庁から郵政公社への移行期における人事部門長としての仕事にある程度めどが立ったと見るや、私は一番多くの懸案を抱えていると思われた郵便営業への異動を希望しました。郵便営業関係では、ゆうパック・リニューアル（重量制料金からサイズ制料金への変更、競争力ある対地別料金の設定、ゴルフ・スキーゆうパック、コンビニ提携拡大、等々）という大きな課題が待っていました。ゆうパックの商品性の魅力をアップさせるとともに、取次店としてコンビニエンスストアのネットワークを拡大して、公社のスタートダッシュを図ろうという社内コンセンサスはできており、私がゆうパック・リニューアル推進本部長として、陣頭指揮をとることとなりました。

物流分野ではゆうパックに力を入れ、手紙・葉書分野では久々の新商品として、「プリクラ切手」に希望を托す。惜しむらくは、そのプリクラ切手の試行のやり方に油断がありました。街角に設置した機械では切手のデザインのチェックができません。本来ならば、プリクラ切手としてお申し込みをいただく前に、公序良俗違反、コンプラ違反、外交上問題となる可能性があると思われるもの等は、お申し込みを謝絶しなければなりませんが、街角コーナー方式の場合では、そのチェック作業を行うタイミングが難しい。どうしても一旦、後方の事務部門でお預かりをして、必要な審査をし、問題のあるものについては謝絶させていただくという事務フローになってしまいます。こうした検討を行っている最中、一部国会議員の先生方が、引き続き、写真付き切手を外交の場面でも有効に活用すべしとの立場から、再発行申請をしに東京中央郵便局の窓口にお見えになるとの連絡が飛び込んできました。少々くどい話になりますが、誤解を生まないよう、その当時の流れを整理しておきたいと思います。

〈竹島プリクラ切手問題の経緯〉

① 日本郵政公社は、手紙・葉書分野における久々の新商品として、「プリクラ切手」を街角コーナー設置方式で試行。

② 試行サービス段階で、竹島の写真をもったお客様が来局し切手を作成。

③ 当該竹島の写真切手を貼付した郵便物を韓国等へ差し出すと、領土問題をいたずらに

刺激するとの懸念が外務省から伝えられる。

・図案に対するチェック基準及び体制が甘かった→排除すべきものを明記すべき。

・街角コーナー方式では事前チェックが利かない→申込受付は後方一か所受付方式とする。

〈反省と対処〉

プリクラ切手の試行を急遽中止した公社の対応に対して、納得がいかないとする国会議員の先生方数名が、次の土曜日の午後、東京中央郵便局の窓口に、その竹島の図案の切手の発行を求めて、来訪されるというのです。当然、マスメディアにも声をかけて連れてきます。国会議員の先生方の狙いは、「切手」という身近なもので外交問題を論ずることにより、世論喚起につなげようとの意図だったのでしょう。

国会議員との対応を東京中央郵便局に任せきりにするわけにはいかないので、私が飛んでいくことにしましたが、結局、東京中央郵便局に応援に駆けつけた公社本社の人間は私一人ということになってしまい、東京中央郵便局では「勝野さんが来てくれるのであれば大丈夫」「やっぱり勝野さんしか来てくれないのね」ということで、私の株は非常に上がったそうですが、先生方のお怒りのボルテージをますます増幅させてしまったのではないかと気が気でありませんでした。

先生方は相当気合が入っているようにお見受けしたのですが、そのなかに私と同じ出身地でよく存じ上げる先生がいらっしゃいました。その先生と目が合いましたので、こちらから一歩前に出て「あぁ、○○先生、こんにちは。いつもお世話になっております」と申し上げて、僭越ながら握手を求めました。果たして握手に応じてくれるのかくれないのか、バツが悪そうな雰囲気なのだが、と様子を伺っていたら、握り返していただきました。その途端、「今日はちょっと強面で来たけれども先制攻撃を受けてしまったなあ。これじゃ明日の朝の記事は期待できそうにないね」とおっしゃりながら、静かにお引き取りになりました。そうなるとあとはお残りになった先生方と私との対話の時間です。

議員「竹島は、日本の固有の領土である。どう思うか？」

私「同感です」

議員「日本国民が日本の領土の写真を使って領土に関する主張をすることのどこが悪い？」

私「どこも悪いところはありません。ただ、切手を絡ませることはお止めいただきたい。切手は万国郵便連合加盟各国の郵便事業体へ特に発行権限が与えられているもの。その日本国としての外交政策を所管する外務省との調整は必要なものと考えております」

私のような小心者にとっては、複数の先生方を相手に議論をすることなど無謀のそしりを免れませんし、そうでなくても、国会議員の先生方等との一人対話のような場面は極力避けるようにすることが、平和な人生を送るうえでは賢明です。ただ、国会の先生方は、それぞれ色々なご経験をされていますので、自分自身の成長の糧となることも多いと思われます。いつ、そのような事態に巻き込まれるとも限りませんので、腹だけは固めておいたほうがよいと思います。

以上がプリクラ切手の産みの苦しみ・竹島編です。プリクラ切手は、その後フレーム切手へと進化し、人気商品となっています。

あっ！　そうそう。「大場より急場」だけでは間に合わない場合は、大事なところを両方打つしかありません。囲碁ではないので、「手番交互」のルール適用を気にする必要はありません。

エピソード
59

コンビニエンスストアのしたたかさに学ぶ

公社化一丁目一番地プロジェクトが「ゆうパック・リニューアル」。ただ、「コンビニエンスストアとの提携拡大」は一進一退の状況が続いていました。というのも、コンビニエンスストア大手に対しては、競合宅配便各社から強いアプローチがあり、コンビニエンスストア自身としても、旗色を鮮明にし難い状況があったのだと思われます。

そうしたなかで、宅配便各社に対して、公平・平等に品質管理上の厳しさを求め、「やる以上は、業界ダントツ一位を目指してやりましょう」と言ってくれたのがローソンでした。こちらも、外部コンサルを活用するなどして、必死で品質向上作戦を展開し、何とか、ローソン側が示す品質目標をクリアしたと思った途端、目標レベルをさらに高くされてしまい、わずかに当該基準達成に至らずといったことがたびたび起きました。「一体これはどういうことか？　後出しじゃんけんではないか？」と怒ったこともありますが、最終的には、私はこれを「ローソンとの品質目標逃げ水効果」と呼ぶこととして、感謝の念をもって容認しておりました。

後出しじゃんけんではない理由について、ローソン側の言い分は「ゆうパックの品質向上は、日本郵便だけの努力によるものではない。その品質向上が進んだ背景には、ローソン側との連携・協力・共同作業があるはずだ。例えば一〇％品質が向上すれば、その半分とまでは言わないが、それに近いローソン側の努力貢献分を認めていただく余地があるのではないか」という趣旨であるとのこと。なるほど、これはうまいことをおっしゃる。パートナーとして末永く刺激し合っていく相手として不足はないと感心させられる話でした。

ここで、コンビニエンスストアと郵政事業の関係を少し整理しておきましょう。国は、郵便創業以来、郵便法第一条の趣旨に則り、郵便切手や葉書をできるだけ多くの場所で購入できるよう、郵便切手類販売所を設置してきました。街のタバコ屋さんの多くはこの郵便切手類販売所に指定されていますが、その数は店主の高齢化、国民の健康志向、タバコの値上げ等の社会の動きを背景に減少傾向にあり、それにとって代わって一九八〇年代から急激な伸びを見せたコンビニエンスストア（現在店舗数約六万弱）が郵便切手類販売所の指定を受ける主力業態になりました。

一方、大手宅配便各社も、宅配便の取次の委託を中心としてコンビニエンスストアに業務委託のアプローチを行い、一定の秩序ができつつありました。そこに、日本郵便が、ゆうパックの取次の委託を掲げ、本格的に参入しようというのですから、宅配便各社の心中穏やかならず、当然、身構えるところとなりました。そのことが、ヤマト運輸からのゆうパックの不当廉売訴訟という形になって表れたものと思われますが、これに対する回答は裁判所が原告側の連敗という形で、すでに明確に出してくれています（平成一八年一月一九日最高裁判決）。

郵政側では年賀葉書やレターパックをもっと売ってもらいたいと考えている一方で、コンビニエンスストア側では集客につながるポストの店内設置やATMの設置をしてほしいなどの要望があるわけです。

また、ポストはコンビニエンスストアの中に設置されているより、停車スペースのある道路上に設置されているほうが取集の観点からは効率的ですが、ゆうパックの引き受け業務が加わるとどのような変化が生じるか見極める必要があります（①既存の設置場所との比較においてどちらが取集業務を効率的に実施できるか、②ゆうパックの集荷と手紙葉書の取集は別ルートで実行しているところ、これらを一本化したほうが効率的になるのではないか等）。こうしたオペレーション上の論点の検証を行うため、最も早く日本郵便との提携に踏み切ってくれたローソンにポストを試行的に置いて実験をすることとしました。検証の結果、現段階では、ゆうパックの取次無しでは、店内ポストの設置はペイしないケースが多いようです。

エピソード
60

スキー・ゴルフゆうパック実現までの水面下の動き

コンビニエンスストアとの提携拡大については、ローソン、サークルKサンクス、デイリーヤマザキ、ミニストップ、am／pm……と、公社化スタート時点としては、それなりの成果が上がっていました、ゆうパック・リニューアルを完結させるためには、「スキーゆうパック」「ゴルフゆうパック」を商品ラインナップに加えることは必須でした。それを実現するためには、スキー場、ゴルフ場一社一社へ足を運び契約を締結し直す必要がありました。スキー、ゴルフは、ヤマト運輸・佐川急便・ペリカンの三社で施設側と契約しており、この契約のどこかに「日本郵便」または「ゆうパック」の名前を入れる必要がありました。

しかし、これには、ヤマト運輸が大反対。そこで、ペリカン便を取り扱う日通の社員が動いてくれました。具体的には、ペリカン便のドライバーさんたちがスキー場やゴルフ場を回りながらゆうパックの応援をしてくれました。日本通運とは、その後、ＪＰエクスプレス等の問題でギクシャクした面もありますが、この頃は「打倒ヤマト運輸」で社員の皆さんがまとまっていたようであり、ゆうパックへのシンパシーを抱いている方が多かったと思います。

エピソード
61

大失敗プロジェクトの教訓(1)——JPエクスプレス

平成二〇年六月一日、都内に物流会社のJPエクスプレス（JPEX）が設立されました。当時の私は郵便局会社執行役員であったため、郵便オペレーション関係の動向にアンテナを張っていたわけではありませんでしたが、JPEXが日本通運のペリカン便と日本郵便のゆうパックを一体化させる際の存続会社となる重要な存在であるということは承知していました。

宅配便事業は、ヤマト運輸、佐川急便、日本通運、日本郵便が4強といわれていましたが、ゆうパックは、公社時のゆうパック・リニューアルまでサイズ制料金ではなく重量制料金のままであったため、本格的競争を口にするのもおこがましい状況にありました。日本通運は絵画芸術・研究開発品等、特殊技術が必要とされるものの輸送をさらにテコ入れし、場合によっては、一般のペリカン便からは手を引くことも検討しているようでした。仮に、ゆうパックとペリカン便が相互に統合を指向する場合、その決断をする前に、人、システム、顧客等の親和性を確認しておくことは基礎中の基礎ですが、隙が生じたとするならば、事業庁↓公社↓五分社化↓四分社化のドタバタの渦中での判断だったことによるものでしょう。

平成二一年四月、両社の宅配便事業をＪＰＥＸの旗のもとに統合する予定でしたが、システム統合準備に手間取ったため（総務省を説得するのに予想以上に時間を要していた）、ペリカン便のみの移行を先行し、ゆうパックの合流を待つこととなりました。

平成二一年八月、総選挙の結果、政権交代が確実となり、九月一六日、民主、社民、国民新党の三党連立内閣が成立。政権交代により新たに誕生した連立内閣は、ゆうパックのＪＰＥＸへの統合認可に対して極めて慎重な姿勢を示し、決着には、さらに相当の時間を要すると見込まれることとなりました。ＪＰＥＸは月間約六〇億円の赤字が積みあがるといわれておりましたが、にらみ合いが続き増大する赤字を甘受することはできないとの判断があり、同年一二月二四日に日本郵便はＪＰＥＸを清算し、ＪＰＥＸから宅配便事業を譲受し「ゆうパック」として承継することを決断しました。

平成二二年七月一日、日本郵便がＪＰＥＸの資産を承継することとなり、最終的には、日本郵便が二〇一〇年度通期で一一八五億円の赤字を計上し、ＪＰＥＸは清算という形で倒産しました。日本郵便は赤字のため年間業績賞与を五分社化以降最低の三・〇か月（四・三か月だった前年度も組合の反発大）としたことから、日通からの移籍者・出向者に対する風当たりが強くなるようなこともありました。

ＪＰＥＸの問題については色々なことを言う人がいます。例えば、「もともと赤字体質だった」「月間六〇億円程度の赤字損失が発生していたので、そう簡単には黒字化できなかった」「日本通運から採算のよくないペリカン便部門を体よく押し付けられただけではないか」などなど。

しかし、これらは全て結果論ではないでしょうか。何か大きなことに挑む際には、「制度」「システム」「人」という三つの要素がクリアできるかどうかが鍵になります。ＪＰＥＸについては、人的な面、システム的な面（手続きの調整及びシステムの一本化）は、確かに、準備期間が短すぎたといわざるを得ません。そして、それ以上に、制度的な面については、郵政ならではの特徴点を考慮しておかなければならなかったのです。ただそれだけです。学習代としては非常に高いものとなりましたが。

少しくどいかもしれませんが、「人的な面」について、是非、皆さんも自分のこととしてとらえてみてください。もし、自分が仕事をしてきた慣れ親しんだブランドが無くなり、他社のブランドで働くことになった場合、どのような気持ちを抱きますか。これまでのモチベーションを維持したまま働くことができますか。

日通のドライバー、社員は、「ペリカン便」という自分自身にとって愛着のあったブランドがJPEXに統合され、現在は「ゆうパック」で一生懸命働いてくれています。私は、エピソード60で記載したとおり、「スキーゆうパック」「ゴルフゆうパック」実現のために尽力してくれた日通のドライバー、社員に接しており、今でも大変感謝しています。彼らに対しては、敬意と礼儀をもって接することを忘れないようにしていただきたいと願っています。

エピソード
62

現場の意見はもっと大切にせよ

何か大きなことに挑む際には、「制度」「システム」「人」という三つの要素がクリアできるかどうかが鍵になると前述しましたが、「人」のなかには、訓練も含まれます。訓練をするにはマニュアルが必要であり、技術の習得には一定の期間を要します。システムを操作するならば、まずは操作方法を覚えなくてはなりません。ゆうパックとペリカン便を統合する際には、統合システムのマニュアルを手にして訓練を行い、操作が間違いなくできることをチェックしなくてはならなかったわけです。

平成二二年春、東京支社講堂で開催された全国主要郵便局長会議では、ある普通郵便局長から、統合は夏季繁忙真っただ中の七月一日は避けて、例えば八月一日にずらしたほうがいいのではないかとの意見が出されています。また、毎週行われていた支社長連絡会議でも、マニュアル整備の大幅な遅れが指摘されています。にもかかわらず、七月一日に統合を強行したわけですが、再考の余地がなかったとは言えないと思います。
結果的に、区分機の処理能率の低下等により、ゆうパックの滞留が発生し、これが、運送便の乱れ等を引き起こし、影響が全国に拡大しました（最終的には三四・四万個のゆうパックが半日から二日程度遅延）。この一連の経緯については、再発を起こさないための反省材料として、末永く引き継いでいくことが必要だと思います。

酒にまつわるエピソード 7

札幌赤レンガ事件

今、思い出しても頭が痛くなります。あれは、平成一六年の八月五日、北海道札幌市の赤レンガ通りにＪＰローソンの北海道第一号店がオープンする日の未明のことでした。目を覚ますと暗い。が、車が走っている音がする。ここはどこだ。そうだ、俺の背広はどこへ行った？　手を伸ばして周りをさぐる。かろうじて指先に布が触れる。手繰り寄せるがやけに軽い。悪い予感がした。そして、それはすぐに的中した。財布がない。背広のポケットというポケットに手を奥まで突っ込む。次第に記憶がよみがえってきた。

　昨日は夕方からＪＰローソン北海道一号店オープン前祝。ローソンからは新浪社長、公社からは生田総裁が出席し盛大にパーティー。私は連戦の疲れからタクシー降車時に財布ごと運転手に手渡した。もちろん、運転手さんがそのまますんなり受け取るわけがない。押し問答の末、酔っ払いの私が押し付けたのだと思う。ただ、今でも口惜しいのは、子どもの学資保険の生存一時金一五万円が財布のなかに入ったままであったこと。クレジットカード会社、民間銀行へ紛失した旨を連絡。

JPローソン赤れんが前店

　その日は、早朝からオープニングセレモニーへ参列しました。皺だらけのスーツ。おしりに違和感があるので手を伸ばすとゴワゴワ

札幌赤レンガ事件において
筆者が寝ていたと思われる場所

している。「これは犬の〇〇か？」と思い、恐る恐る触ると、どうやらそうではないらしい。もう少し大胆に触るとガムであることが判明。これがなかなかとれません。ステージ前でモゾモゾするのもカッコ悪いのでガムを付けたまま堂々と立ちました。

帰路の飛行機代がないので、北海道支社の貯金管理課長に一〇万円を借金する羽目になりました。

それにしても今改めて思います。これだけ酒による失敗を重ねてきて、よくクビになっていないものだと。酒の失敗を補って、余りあるほど仕事をして働いてきたのか、よっぽど運がいいのか。そのいずれかだろうと思うが、答えは読者の皆さんに判断してもらいたいと思います。

エピソード
63

政権交代と青天の霹靂

政権交代に伴う人事異動で何人かのクビが飛びました。私はラッキーなことに、首の皮一枚残し、郵便事業会社東京支社長に転出しました。もちろん、着任の挨拶は、栄転人事として胸を張って行いました。しかし、そこで、驚くような現場の実態を見てしまいました。

それは、「三事業一体経営」ということが、全く忘れられているというか、むしろ、否定されているのではないかと思われるような光景でした。トップ同士の仲が悪い。口もきかない。三事業一体経営とは口先ばかり。実態は足の引っ張り合いばかりが行われているように、私の目には映りました。三事業一体経営の見本を私が示そうとすると、それを本社へ課報活動をする郵便局長もいました。楽しませてもらいましたが、こういうときこそ地に足をつけた真面目な取組みが大切です。例えばポストというものを通して、一体感を醸成するという取組みです。誰が名づけるともなく、いつしか、東京管内では「ポストピカピカ運動」、

ポスト磨きに専念中の筆者

略して「ポスピカ運動」と呼ばれるようになっているようです。

これに合わせて、「ポスト磨き一三箇条」というものをつくってみました。「ポスト磨き」といっても、やってみると、体力もテクニックも必要です。道路脇にありますから、安全面への配慮も必要になってきます。一三箇条のなかからそれぞれの局長が自局の状況に合ったものを選んで、七箇条でも五箇条でもいいから考えてみることが大事だと思います。私は日本郵便東京支社長時代、土日における単独行を含め、五〇本程度のポストを磨きましたが、実際に磨くと、色々なことが見えてきます。まずは、やってみませんか。

【ポスト磨き一三箇条】

1. キレイなポストは郵便サービスの一丁目一番地
2. 小さく見えても意外にデカい、一人一面程度がちょうどよい
3. 角型ポストは六面構成、バケツ係と安全係をプラスして、まずは八名程度から始めよう
4. 役割分担決める際、皆を事故から守る安全担当忘れずに
5. 強力な中性洗剤・スポンジ・歯ブラシ等用意して、プロ顔負けの腕を磨こう
6. 清掃中のポスト利用がしやすいように、チームで工夫を凝らしましょう
7. 意外に多い、郵便局の期限切れステッカー、張り出し部署にも一言注意喚起を
8. 取集時刻が読めません、損傷激しく手に負えません、これらのポストは帰局後忘れず報告を
9. 清掃後は全員で上から下までポストを眺め、磨き残しをチェック
10. ピカピカのポストは、心もピカピカ
11. 財団法人通信文化等に呼び掛け、弁当代等のカンパを引き出せれば大成功、さらに

優良取組事例に掲載されればより嬉し
12. 磨くポストの本数は五本程度となるよう、地域の散歩コースを活用しましょう
13. 地域の方とすれ違ったら、挨拶を忘れずに

それにしても、郵便局会社と郵便事業会社の三事業一体経営に対する理解の低さは、本社・支社の相当上のレベルまで病巣が広がっていると感じました。治療方法としては、病巣切除の外科的手術しかないのだろうと思いましたが、五分社から四分社に変わったことにより、枠組みとして、強引に一体にならざるを得ないような形が強制されたということでもありますので、様子を見てみたいと思います。なお、郵便局会社制度検討チームにおいて検討されてきた「郵便局改革マスタープラン」や「独特の経営管理システム」は、お蔵入りすることになりましたが、そこで積み重ねられた議論は無駄にはなりません。

エピソード
64

東日本大震災

東日本大震災があった平成二三年三月一一日金曜日、私は郵便支店長会議を新宿郵便局の一一階の講堂で開催していました。時計の針が午後二時四六分を指したとき、私はちょうどエレベーターの前で協力会社の社長と電話中でした。ものすごい揺れ。エレベーターの空洞に落ち込んだら大変だということで、必死に柱にしがみつく。一か月ほど前にニュージーランドで起きた地震（二月二二日　クライストチャーチ地震）を報じた映像が目に浮かびます。俺の人生も年貢の納め時がついに来たか。六〇年間の悪行三昧が走馬灯のように駆け巡りました。新宿から麻布台の東京支社まで歩いて戻りました。途中まで車で迎えに来てもらいましたが、なかなか車にアクセスできませんでした。

その夜、支社長室のテレビのニュースで被災状況を確認しました。阪神・淡路大震災の映像と比較すると、地震そのものによる建物の壊れ方は阪神・淡路大震災のほうが酷いようだ

旧郵便事業株式会社東京支社（東京麻布台）

が、隙間なく壊されているのと、何よりも津波の被害が甚大という点で、今回のほうが厳しい。建物の損壊やけが人・死者数ともに、これからもっと増えるはず。「まず、東北支社自身の被災情報を集めよ」と指示しました。

支社が倒れたら最悪です。土日の間に支社にカンパしようと考えました。今、カンパ用原資としていくらあるか。東京支社の担当部長以上が年に一回、親睦旅行をするための積立金があることが判明。これを流用してよいかと皆さんに相談をして了解を得ました。総務担当の部下に都内のスーパーマーケットへの買い出しを依頼しましたが、その際「乾燥したティッシュだけではなくて、ウエットティッシュ、あるいは水歯磨き等のウエットものを買ってきてほしい」と注文を付けました。要するに、水が使えないはずなので、水が最初から混ざったようなものが役に立つ。ほかには、紙おむつ、生理用品等々が必ず必要になる。これらを都内のスーパーマーケットを虱潰しにまわって集めて来てほしいと伝えました。

翌日現地までの緊急車両として仙台へ向け出発、翌々日に届けることができました。東北支社からは、「まさに自分たちが必要としている物資がなぜこんない早いタイミングで東京から送られてきたのだろうか」と驚きの声が寄せられたそうですが、それは言わずもがな、私はボランティア貯金にどっぷり浸かっていたし、ODAに三年従事していたので、そんじょそこらの方々とは経験値が違ったということだと思います。

週明けの月曜、本社の会議に出席して東京支社へ戻る移動中、本社から「戻って来てください」との連絡が入りました。本社へ戻ると「東日本大震災復興本部長をやってくれ。ただし、年度末であり東京支社長の後任発令はできないので、一か月間は兼務発令となる」との辞令でした。一か月とはいうものの実質二週間。今回の被災規模、原発問題への対処の困難性等をどう認識しているか確認したかったのですが、被災直後に手続き論に終始していれば、被災者無視の議論に陥ってしまうため、全てを被災者救済に集中することとし、翌日から被災地入りしました。

二週間はあっという間に過ぎ、三月三一日、東京支社の職員を講堂に集めて別れの挨拶をしました。この時「現地の状況は空爆か、それ以上と言ったほうがいいかもしれない。見渡す限り瓦礫の山でした。復興の取っ掛かりの余地もないぐらい悲惨な状況でした。これを復興に持って行くには一〇年かかっても無理だというのが私の感想です。しかし、それを一〇年以内にやり遂げようじゃないか。そのためには、東日本と西日本をつなぐ東京首都圏、ここがどれだけ頑張れるかということです。東京支社・関東支社の頑張りにかかっている。皆さん方が、これからの一〇年間、東北の分まで頑張ってくれれば何とかなるかもしれない。それぐらいの状況だと思って、命を捧げてほしい」ということをお願いしました。

被災地で必要なものは刻々と変化します。郵便事業会社の奥山俊一東北支社長に電話をし、「今一番必要とするものは何か?」と尋ねると、「お金」の一言。私も「わかった」と一言。緊急避難的に現金を送るため、本社内を根回しのうえ、東北の拠点局長にそれなりの金額を送る仕組みを構築し、実行しました。

あの日から今年ですでに一二年の月日が経過しました。被災地を空から眺め、あるいは現地に入って皆さんとお話をすれば、復興はまだ全然できていないと実感することが多いのではないでしょうか。

日本郵政グループは、この間に本社移転プロジェクトを完了させました。霞が関から我国経済の中心地の一つである東京・大手町に移った新しい本社はそれぞれの部署が機能を発揮できるようなシステム・設備を整えています。また、要請責任者（筆者）の四〇日間という圧倒的泊まり込み経験に裏打ちされた内容となっている、武道関係部（柔道、剣道、空手、合気道、弓道、少林寺拳法）からの要望に基づく「帰宅難民救援に資する道場復活建議」などをもとに、都心で発生する大量の帰宅難民受入れ要請にも対応できるように工夫しています。

福島県下では原発事故に起因するさまざまな問題の解決のめどがいまだ立っていません。ロシアによるウクライナ侵攻など国際情勢の不安定化やコロナ禍など、復興のスピードの遅れに他律的事由を持ち出しがちですが、最大の問題は我々復興に携わる者のやる気と本気度です。

私の体力も衰えてきていますが、気力はまだまだ燃え尽きていません。一二年前を思い出して、私の射程内にとらえたものがあれば、残された命の炎を捧げていきたいというふうに考えています。

ここで、平成二三年一〇月二〇日の皇后陛下（現上皇后陛下）お誕生日の際の宮内記者会の「甚大な被害をもたらした今回の大震災をどう受け止め、天皇陛下とともに慰問された被災地ではどんなことをお感じになりましたか」との質問に対するご回答をご紹介したいと思います。

災害発生直後、一時味わった深い絶望感から、少しずつでも私を立ち直らせたものがあったとすれば、それはあの日以来、次第に誰の目にも見えて来た、人々の健気で沈着な振る舞いでした。非常時にあたり、あのように多くの日本人が、皆静かに現実を受けとめ、助け合い、譲り合いつつ、事態に対処したと知ったことは、私にとり何にも勝る慰めとなり、気持ちの支えとなりました。被災地の人々の気丈な姿も、私を勇気づけてくれました。三月の二〇日頃でしたか、朝六時のニュースに郵便屋さんが映っており、まばらに人が出ている道で、一人一人宛名の人を確かめては、言葉をかけ、手紙を配っていました。「自分が動き始めたことで、少しでも人々が安心してくれている。よい仕事についた。」と笑顔で話しており、この時ふと、復興が始まっている、と感じました。この時期、自分の持ち場で精一杯自分を役立てようとしている人、仮に被災現場と離れた所にいても、その場その場で自分の務めを心をこめて果たすことで、被災者との連帯を感じていたと思われる人々が実に多くあり、こうした目に見えぬ絆が人々を結び、社会を支えている私たちの国の実相を、誇らしく感じました。災害時における救援を始め、あらゆる支援に当たられた内外の人々、厳しい環境下、原発の現場で働かれる作業員を始めとし、今も様々な形で被災地の復旧、復興に力を尽くしておられる人々に深く感謝いたします。

　この度の災害は、東北という地方につき、私どもに様々なことを教え、また、考えさせました。東北の抱える困難と共に、この地域がこれまで果たしてきた役割の大きさにも目を向けさせられました。この地で長く子どもたちに防災教育をほどこして来られた教育者、指導者のあったことも、しっかりと記憶にとどめたいと思います。今後この地域が真によい復興をとげる日まで、陛下のお言葉のように、この地に長く心を寄せ、その道のりを見守っていきたいと願っています。

エピソード
65

コンビニからのお別れ通告
――井戸を掘った者の労苦が台無しに

東日本大震災復興本部長として東北地方を駆け巡ったあと、四月に本社に戻り、被災地の復興にも配慮しつつ、全国のオペレーションを推進することとなりました。ところが、着任早々、コンビニエンスストア大手二社が私への面談を求めてアポイントを入れてきました。そのうちの一人は、ゆうパック・リニューアル推進初期において、当方に対して協力的な方でした。お会いして、先方のお話を伺うと「ゆうパックの取扱いを止めたい」とのこと。私は、本気で、エイプリルフールのジョークかと思いましたが、先方は真顔で話を続けられます。その内容を要約すると、「どこのコンビニでも同じだと思いますが、ゆうパックを取り扱って暫くすると、店舗運営側からオペレーション上の改善点等の要望が出てくるので、それらをまとめて日本郵便と打合せをしたい旨提案しても、なかなか調整してくれない状態が続いたままなのです」とのこと。

「そんなばかなことがあるものか。あれだけ苦労して、日本郵便に引っ張ってきたコンビニエンスストアをその経緯を知る者がそんなに軽く扱うものか」。にわかには信じられない話でしたが、早速、状況を調べると、A、B、二人の名前が浮上してきました。

私　(Aに対し) コンビニエンスストア二社が「ゆうパックの取扱いを止めたい」とおっしゃっているが、この話は聞いていたか?

A　聞いている。

私　この話を誰かに報告をしたか?

A　Bに報告した。

私　(Bに対し) Aはこのように言っているが聞いているか?

B　聞いている。

私　聞いてどうしたのか?

B　Aに対し、「ちゃんと必要なところに報告をしておけ」と指示をした。

あきれたことに二人の間だけで完結してしまっており、そこから上に報告が上がっていない。「なんだ、それは!」と、即、社長の所に飛び込んで「こういう話があるのですが、ご存知ですか?」と一報を入れました。

責任の所在を明らかにする必要がありましたが、それよりも、まずは先方にご迷惑をかけたことをお詫びしたうえで、リカバリーショットを打ちたいと考えて往訪しました。しかし、先方は「一度失われた信頼関係は、なかなか元に戻すことはできません」とつれない返事。拝み倒すのは私の得意戦術なので、「何とか、そこを！」と社長も引っ張って先方を往訪しましたが、先方の対応は変わりませんでした。懐に入って本音ベースで事情をお伺いすると、「要望意見交換の場がセットされない状態が続いたため、新しい社内意思決定がなされてしまいました。最早、時計の針を戻すことはできません」ということでした。

せっかくつないだご縁であったにもかかわらず、残念な結果となりました。二つのコンビニエンスストアチェーンとは「ゆうパックのご縁は切れてしまいますが、でもまだ、切手はがきのご縁はつながっています。ゆうパックについても、将来またご縁ができることもあるでしょう。そのときはよろしくお願いします」と平和裏にお別れすることとなりました。

もちろん、責任問題についても厳正な措置がなされましたが、新生郵便事業の一丁目一番地プロジェクトだった「ゆうパック・リニューアル」の柱の一つであるコンビニエンスストアとの提携拡大も、ほんのちょっとした油断、人間関係の悪さが原因で、一部提携契約が解消されてしまいました。何事も油断をしては駄目ということです。

私も含め関係者は、「西堀かるた」の「責任はことの起こる前に負うもの」の札意を熟考しておく必要があります。

エピソード 66

車両保守料未払い問題

コンビニエンスストアからのお別れ通告のあと、今度は車両保守料の未払い問題が発生しました。

日本郵便は二輪、四輪合わせて一〇万台を超える車両を保有しています。これら車両の保守・メンテナンスは、自らできるものは自ら行い、それ以外のものについては最寄りの自動車保守店に委託をしていました。しかし、この仕組みでは、郵便局と日本郵便の本社・支社と保守店の間で大量の文書等のやりとりや保守費等の送金事務が発生します。つまり、効率化の余地が大きいということです。そこで、「全国車両保守店取りまとめ会社（仮称）を中核に置いた新たな注文・契約・支払いシステム」の導入（図表66－1参照）を図ろうとしていたところ、同社からは「資金調達に際し悪質な小切手詐欺事件に巻き込まれてしまい、車両保守店への支払いを滞らせてしまいました。申し訳ありません」との報告が飛び込んできました。未払い金額を確認すると総額数億円にのぼりました。

さて、どう処理すべきか。こういうときはスピード感をもって対処しなければ被害がどんどん拡大し、収拾がつかなくなります。そこで「責任追及はあとに回しても、被害者救済を優先する」方針を打ち出しました。

この方針を全国車両保守店取りまとめ会社に示したところ、出てきた打開策が「事業譲渡」方式です。この方式のポイントは、①譲受希望者が存在するか、かつ、②譲受後、健全な利益が譲受人の手元に残るかです。事業譲渡の当事者が行ったデューデリはもちろんのこと、弁護士事務所とも打合せを密に行ったことで、保守店からの不平不満心配の声も、潮が引くようにあがってこなくなりました。

このときの問題処理のよかった点は、問題事象の解決をもって「一件落着」とせず、反省点をすぐさま次のシステムに反映させた

図表66－1　郵便局車両保守業務の流れ

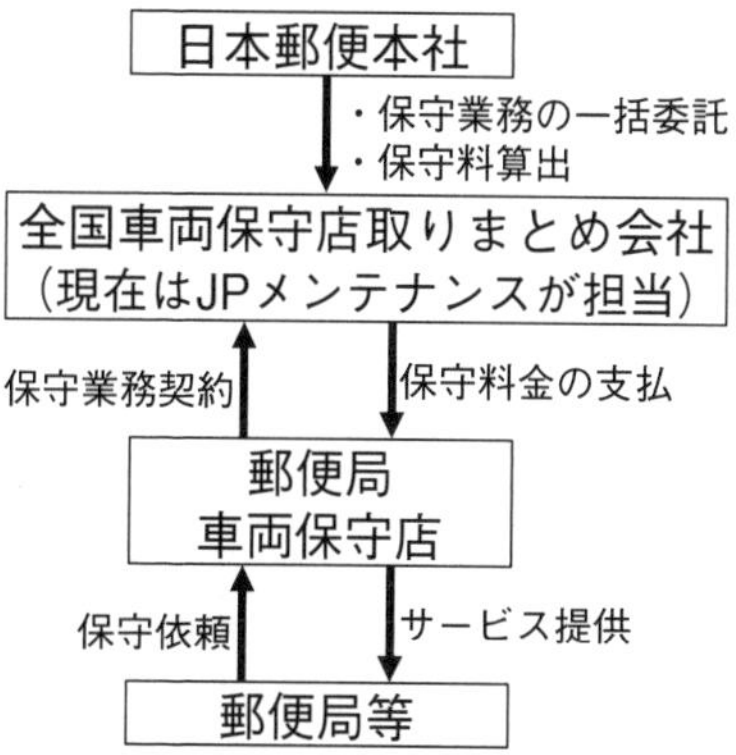

	日本郵便本社	
	↓	・保守業務の一括委託 ・保守料算出
	全国車両保守店取りまとめ会社 （現在はJPメンテナンスが担当）	
保守業務契約 ↑		↓ 保守料金の支払
	郵便局 車両保守店	
保守依頼 ↑		↓ サービス提供
	郵便局等	

（出所）　筆者作成

ことです。すなわち、「全国車両保守店取りまとめ代行会社」を日本郵便のグリップが利くようにするため、日本郵便の子会社として設計構築し直したのです。その役割は、今、ＪＰメンテナンスが担っており、郵便局からも、保守店からも悪い評判は聞こえてこなくなったようです。

エピソード
67

大失敗プロジェクトの教訓(2)
――トールエクスプレス買収

民営化以降、郵便局（日本郵政グループ）のサービスがよくなったのだろうか？　改めて、自問してみました。

郵便料金は値上がりした（×）
郵便送達速度は遅くなった（×）
貯金の限度額は上がった（○）
ＡＴＭの利用料が上がった（×）
かんぽ生命は信用を無くした（×）
かんぽの宿は閉鎖された（×）
窓口対応社員の接遇は向上した（○）
窓口で待たされる時間（△）……

これらは、捻り出したというものではなくて、淡々と脳裏に浮かんだものばかりです。こう書いているうちにだんだん腹が立ってきました。よいことは少なく、悪いことばかり。そのうえ、ＪＰＥＸの三四万個に及ぶゆうパック遅延によるイメージダウン。

さらに加えてトールエクスプレス（オーストラリアの物流会社）の買収失敗問題です。日本郵便は、二〇一五年にオーストラリアの物流会社であるトールエクスプレスを六二〇〇億円で買収しましたが、その後の経済情勢の暗転等を受けて、二〇二一年三月期には特別損失六七四億円を計上し、トールエクスプレスをオーストラリアの投資ファンドに売却しました。新型コロナウイルス感染症の世界的流行や東日本大震災の復興資金の確保といった特殊事情もあるとはいえ、これだけ短期間のうちに巨額の損失を計上せざるを得ない事態に追い込まれたのは事業戦略の失敗以外の何物でもありません。

トールエクスプレスの問題は、郵政関係者は腹立たしく思いながらもあまり口出ししなかった人たちがほとんどだろうと思います。この問題の背景としては、金融二社も含めた三社の株式上場があります。ここから先は、一つの仮説です。株式上場に際しての目玉として、何か派手で、夢のある話をつくりたいと経営のトップなら誰しも考えるはずです。そこにオーストラリアの物流会社であるトールエクスプレス社を買いませんかという話が舞い込んで来た。調べた結果、問題ないどころか極めてよさそうな話だと。舞い込んで来たのがどこからか。どのような調べ方を、誰に依頼して、どのような報告を受けたのか。こうした点がクリアになれば、二度と同様の過ちを繰り返さないはずですが、細目について多くを知る人はあまりいないのではないでしょうか。残念の一語に尽きます。

エピローグ

この半世紀を振り返ると、郵政事業には、三つの荒波があったように思います。第一の波は「労使関係の安定を模索した時代」、第二の波は「郵貯VS大蔵省・民間金融機関一〇〇年戦争の時代」、第三の波は「郵政民営化（経営形態論議）に翻弄された時代」。そして、個人的には、第二・五波あたりに「沖縄問題」があります。

第一の波については、労使関係の一方の当事者である労働組合が地盤沈下をしてしまったことが寂しい感じがします。労働組合の組織率が下がるということは、労働組合の社会的な必要性が認識されなくなってきているということでありますし、求心力がなくなっているということ。対応する会社の労務管理担当ラインとしても、労働組合の地盤沈下は自らの会社内における地盤沈下につながります。私は多くの労働組合幹部の方と交流がありました。ある労組の委員長は、「意識改革は階段の掃除と同じ。上から掃かないとうまくいかない」という名言を残してくれました。奮起を期待したいと思います。

第二の波の「郵貯VS大蔵省・民間金融機関一〇〇年戦争」の時代は、まず「大蔵省」の名前が消えているのが残念ですが、大切なのは、「VS」を挟んだ上と下は各々何を表しているかではないでしょうか。小口預金者の利益を守り、金融弱者を守る組織はどちらなのかを意識することが大事なことだと考えます。できれば、ゆうちょ銀行は、バングラデシュにあるグラミン銀行が実施しているマイクロファイナンスのように、新しい金融のユニバーサルサービスの展開に挑戦してほしいと考えています。

それから第三の波、民営化に翻弄された時代。未だ翻弄されている最中という認識ですが、事務方としては、「もうそろそろ打ち止めにしてほしい」と泣きを入れたくなる頃かと思いますが、それではダメなのです。理屈を大事にしながら、理屈と自分たちの思いをどうつなげていくか。波を乗り越えていく努力を重ねてください。

第二・五波の沖縄問題、これはもう言わずもがな。「……沖縄県民斯（か）ク戦ヘリ　県民ニ対シ後世特別ノ御高配ヲ　賜ランコトヲ」という大田実海軍中将から海軍次官宛ての電文に凝縮されています。思わず、力が入ってしまいます。個人的にもこの問題は何とかしなくてはならないと考えていますが、ただ、関心をもてない人はまだたくさんおられますので、広く横に広げていく展開を読者の皆様方にもお願いしたいと思います。まずは関心をもってもらうことから始めていただく。これだけで十分であります。

追補　ＪＰ共助連携ネットワーク「時空を超えて」

エピソード41で「テレワーク」について触れました。「tēle」（テレ）とはギリシャ語源で「遠くの」「遠隔の」「離れた」といった意味があります。電気通信技術の発達とともに、「テレフォン＝電話」「テレワーク＝在宅勤務」「テレメディスン＝遠隔医療」等といったように、私たちの日常生活のなかには「距離と時間の短縮」を実感させられる機会が増えてきています。

最近はやりの「ＤＸ」という言葉は、それを「デジタル・トランスフォーメーション」と読むのも難しく、何度説明を聞いてもなかなか理解できないという方も多いと思います。そんな方には「ＩＴによる時間と距離の短縮現象の積み重ね」程度と割り切ってとらえていただき、今までは会社に行かなければできなかった会議や打合せが自宅にいながらでもできるようになった、といった身近な具体例を思い浮かべることをお勧めします。そのうえで、例えば、企業の費用支出科目において、DXの活用によって、交通費・移動費が通信費に代わり、人件費がシステム費・通信費等に置き代わるといった具体的な事例をイメージすれば、DXは企業のコスト構造に影響を与えることがよくわかるはずです。

郵便事業のように、長年にわたりユニバーサルサービスの提供を行ってきた企業は、総じて遊休資産の保有割合が高く、ユニバーサルサービスのコストを議論する際には、そのことが経営圧迫要因として不利に働いてきました。

しかし、「ITによる時間と距離の短縮現象の積み重ね」であるDXを活用すればむしろ有利に働く場合もあり得ます。具体的には、「JP共助連携ネットワーク」を活用することによって、過去の不採算投資を有効投資に転換させることができます。かつ、郵便局間の能率差に着目し、高能率局から低能率局へより小さなコストで応援体制を敷くことも可能です。

繰り返しになりますが、「過去における不採算投資が、時空を超えて現在の有効投資に切り替わる」「これまでの遊休資産・不稼働資産が稼働資産に生まれ変わる」というのが、「JP共助連携ネットワーク」をはじめとするDXプロジェクトの「醍醐味」です。

「JP共助連携ネットワーク」の具体的な考え方は「郵便局同士の相互応援の強化・充実

（共助）と新商品の簡易・迅速な取扱い（連携）を可能とするＩＴ活用型ネットワーク」であり、一昨年度の通信文化新報に連載しておりますので（令和四年一月二四日〜同年二月二一日）、詳細は、そちらをお読みいただければ幸いです。

おわりに

最後まで読破してくださり、ありがとうございました。

本書に書かせていただいた内容は、権威ある関係資料や筆者の記憶にもとづき史実を忠実に踏まえていますが、万が一、事実と異なる記述があった場合、その責は挙げて筆者にあることをまず申し添えたいと思います。

本書の企画・執筆に際しては、筆者と旧知の間柄であり、筆者が郵政省貯金局の駆け出し時代から金融界の実務解説の師として敬服している内田常之氏（金融財政事情研究会『週刊金融財政事情』元編集長）にサポートをお願いしました。内田氏には体調不十分のなか、内容展開から言葉遣いまで多くの御指導をいただきました。心より御礼申し上げます。

出版にあたっては、金融界の動向に詳しい金融財政事情研究会の小田徹参与（元専務理事・編集局長・同編集長）に編集のお手伝いをお願いし、また同会の書籍制作部はじめご担当の皆様には、発刊スケジュール等についてご無理にご無理を重ねていただきました。誠にありがとうございました。

本書の企画を思い立ち、発刊まで約3年。その間、体力は衰えるばかりでした。病名とその治療を並べただけでも、下肢静脈瘤、痛風、変形性膝関節症、PRP（多血小板血漿）治療、人工膝関節置換手術……。これらに加え、視力の低下と指先の不自由さも段々激しくなりました。パーキンソン病の進行が原因と知った時には、出版計画の断念を覚悟したこともありました。ちょうどその時、すい星の如く現れ、私の秘書役として陰に陽に支えてくれる人がありました。その献身的な言動には、幾度となく励まされ、また、助けられたことか。その方へ、心からの感謝と誠実を捧げます。

パーキンソン病は、高齢者ほど発症率が高くなる病気です。日本では「千人に一人」と言われています。その対策のため、余命わずかとは言え、できるだけ長生きして、「以武制病（武を以て病を制す）」の新境地を開拓していきたいと思います。今後も筆者の活躍にご注目ください。

令和五年初秋

勝野　成治

【筆者・郵政グループの歴史と社会経済の動き】

年	筆者の動き	郵政（G）の動き ※民営化後の会長職の記載は省く	社会経済の動き
1977年 （昭和五十二年）	**関連エピソード（プロローグ）**	2月14日　簡易保険業務のオンラインによるサービスを開始（1981年3月に全国の集配普通郵便局のオンライン化が完了。全郵便局のオンライン化の完了は1992年9月） 4月1日　認可法人としての郵便貯金振興会が発足 11月28日　服部安司郵政大臣（福田赳夫改造内閣）	
1978年	4月　郵政省入省 7月　人事局管理課（労務担当） **関連エピソード（1、2、3）**	7月17日　進学積立郵便貯金を創設 8月1日　為替貯金業務のオンラインによるサービスを開始（1984年3月26日に全国の郵便局のオンライン化が完了）	10月　国鉄合理化

年	筆者の動き	郵政（G）の動き ※民営化後の会長職の記載は省く	社会経済の動き
		8月　本省取巻き三万人集会 10月　業務規制闘争 秋期～翌年始　いわゆる「反マル生闘争」 12月7日　白浜仁吉郵政大臣（第1次大平内閣）	
1979年	同上 **関連エピソード（3、4、5、6）**	10月28日　史上最短の年末交渉妥結 11月9日　大西正男郵政大臣（第2次大平内閣）	1月　第二次石油ショックが発生 5月　譲渡性預金（CD）の発行開始
1980年	7月　外務省経済協力局技術協力第一課（主査） **関連エピソード（7）**	2月25日　オンラインのCDでの通常郵便貯金の払戻しの取扱いを開始 4月14日　郵便貯金金利が再び史上最高に（最高8％） 7月17日　山内一郎郵政大臣（鈴木善幸内閣）	1月　証券会社、中期国債ファンドの取扱い開始 12月　新外為法施行（日本と外国の間で行われる資金や財、サービスの移動などの対外取引を原則自由とする体系に改められた等）

年	筆者の動き	郵政（G）の動き ※民営化後の会長職の記載は省く	社会経済の動き
1981年	同上 **関連エピソード（7、8、9）**	3月2日　ATM（郵便貯金自動預払機）での通常郵便貯金の預入・払戻しの取扱いを開始 7月7日　広告付葉書（エコーはがき）を初めて発行 7月20日　電子郵便（レタックス）を実験サービスとして開始 9月1日　新郵便年金を創設 11月30日　箕輪登郵政大臣（鈴木善幸改造内閣）	1月26日　金融の分野における官業の「在り方に関する懇談会」が開催される（8月20日に報告） 3月16日　臨時行政調査会（第二次）が発足（1983年3月15日に解散）
1982年	7月　郵政省大臣官房国際協力課（係長） **関連エピソード（10）**	11月27日　檜垣徳太郎郵政大臣（第1次中曽根内閣）	
1983年	7月　郵政省福岡県大川郵便局長 **関連エピソード（11）**	この年ふるさと小包が誕生 12月27日　奥田敬和郵政大臣（第2次中曽根内閣）	4月　銀行等、公共債の窓販開始

年	筆者の動き	郵政（G）の動き ※民営化後の会長職の記載は省く	社会経済の動き
1984年	7月　郵政省関東郵政局人事部管理課長 **関連エピソード⑿**	この年郵政本省郵務局長檄文発出「郵便事業の危機を訴える」 2月1日　郵便輸送システムを鉄道主体から自動車主体に大改正 7月18日　郵便貯金共用カードを初めて認定 11月1日　左藤恵郵政大臣（第2次中曽根第1次改造内閣）	4月　海外CD、CPの国内販売解禁 5月　日米円ドル委員会作業部会報告書発表 6月　円転規制撤廃、銀行の公共債ディーリング開始 12月　ユーロ円CD発行解禁
1985年	同上 **関連エピソード⑿**	12月28日　佐藤文生郵政大臣（第2次中曽根第2次改造内閣）	3月　市場金利連動型預金（MMC）の導入 4月1日　電電公社・専売公社が民営化される 4月1日　グリーンカード制度が実施されることなく廃止される 6月　円建BA市場創設 7月　銀行、外貨建転換社債を

年	筆者の動き	郵政（G）の動き ※民営化後の会長職の記載は省く	社会経済の動き
			海外市場で発行 10月　預入金額10億円以上の定期預金金利自由化、債券先物市場の創設 11月　外国銀行の信託業務参入 12月　外銀系証券会社（出資比率50％以下）の支店開設
1986年	3月　郵政省貯金局金融自由化第一対策室室長補佐 **関連エピソード（13、14、15、16、17、18、19、20、21）**	6月17日　澤田茂生郵政事務次官就任 7月22日　唐沢俊二郎郵政大臣（第3次中曽根内閣） 7月30日　郵便貯金振興会を民間法人化	2月　短期国債（TB）の入札発行開始、外国証券6社、東証会員権を取得 4月1日　男女雇用機会均等法が施行される 6月　外国銀行によるユーロ円債発行解禁 7月1日　労働者派遣法が施行される 10月　超長期利付国債（20年物）

年	筆者の動き	郵政（G）の動き ※民営化後の会長職の記載は省く	社会経済の動き
			公募発行開始 12月　東京オフショア市場（JOM）創設
1987年	7月　郵政省貯金局経営企画課課長補佐 **関連エピソード（15、16、17、18、19、20、21、22、23）**	5月29日　金融自由化対策資金による郵便貯金資金の自主運用が実現（実際の金融自由化対策資金の運用の開始は6月30日） 10月1日　郵便局での国債の販売が実現（実際の販売の開始は1988年4月15日） 11月6日　中山正暉郵政大臣（竹下内閣）	2月　邦銀海外支店の海外CP取扱い解禁 4月1日　国鉄が分割・民営化される 6月　大阪証券取引所で株先50がスタート 9月　20年物国債公募入札制全面移行 11月　10年物国債に引受額入札方式導入、国内CP市場創設
1988年	同上 **関連エピソード（23、24）**	4月1日　郵便貯金非課税貯蓄制度が高齢者等に対するものに改定される 12月27日　片岡清一郵政大臣（竹下	1月　サムライCPの解禁 4月1日　マル優制度が高齢者等に対するものに改定される 5月　金融先物取引法公布

年	筆者の動き	郵政（G）の動き ※民営化後の会長職の記載は省く	社会経済の動き
		改造内閣）	10月　金融機関の住宅ローン証券流動化を認可 11月　抵当証券業法施行
1989年（1月8日から平成元年）	7月　郵政省貯金局総務課課長補佐 **関連エピソード（16、17、18、19、20）**	6月3日　村岡兼造郵政大臣（宇野内閣） 6月5日　小口MMCを創設（官民共通商品。郵便貯金の金利の自由化の端緒） 8月10日　大石千八郵政大臣（第1次海部内閣） 9月1日　カタログ小包を創設	2月　相銀の普銀転換（52行） 4月1日　消費税制度が創設される 6月　東京金融先物市場創設、小口MMC販売開始 12月29日　日経平均株価（終値）が3万8915円87銭の史上最高値を記録
1990年	同上 **関連エピソード（16、17、18、19、20）**	2月28日　深谷隆司郵政大臣（第2次海部内閣） 12月29日　関谷勝嗣郵政大臣（第2次海部改造内閣）	7月　小口MMCのキャップ・フロアー制廃止の方針決定、1億円までの外貨建海外預金の自由化 10月3日　東西ドイツ統一

年	筆者の動き	郵政（G）の動き ※民営化後の会長職の記載は省く	社会経済の動き
1991年	7月　近畿郵政局郵務部長 **関連エピソード（29、30、31、32、33、34）**	1月4日　国際ボランティア貯金を創設 4月1日　郵便年金制度を簡易保険制度に統合 11月5日　渡辺秀央郵政大臣（宮沢内閣）	12月27日　ソビエト連邦が解体
1992年	7月　簡易保険局金融自由化対策室長 **関連エピソード（35、36、37）**	12月12日　小泉純一郎郵政大臣（宮沢改造内閣）	6月　貯蓄預金の導入
1993年	7月　貯金局金融自由化推進室長 **関連エピソード（38）**	7月20日　宮沢喜一郵政大臣（内閣総理大臣による兼務） 8月9日　神崎武法郵政大臣（細川内閣）	6月　定期預金金利の臨金法適用除外をもって、定期預金金利の完全自由化が実現 8月9日　非自民・共産の8党派連立の細川護熙内閣が成立 11月1日　ＥＵが発足

年	筆者の動き	郵政（G）の動き ※民営化後の会長職の記載は省く	社会経済の動き
1994年	7月　貯金局国際ボランティア貯金推進室長 **関連エピソード(39)**	4月1日　簡易保険の保険料を46年振りに値上げ 4月28日　羽田孜郵政大臣（羽田内閣、内閣総理大臣による臨時代理） 同日　日笠勝之郵政大臣（羽田内閣） 6月30日　大出俊郵政大臣（村山内閣） 10月17日　通常郵便貯金の金利を自由化	6月30日　自民党が政権復帰（自民・社会・さきがけ三党連立の村山富市内閣が成立） 10月17日　一般の金融機関の流動性預金の金利の自由化もされ、我が国の預貯金金利の自由化が完了
1995年	7月　郵政大臣秘書官 **関連エピソード(40)**	8月8日　井上一成郵政大臣（村山改造内閣）	1月17日　阪神・淡路大震災
1996年	1月　通信政策局情報通信利用振興室長 **関連エピソード(41、42)**	1月11日　日野市朗郵政大臣（第1次橋本内閣） 8月1日　保冷郵便（チルドゆうパック）を創設 11月7日　堀之内久男郵政大臣（第	11月21日　行政改革会議が発足（1997年9月3日に中間報告、12月3日に最終報告）

年	筆者の動き	郵政（G）の動き ※民営化後の会長職の記載は省く	社会経済の動き
		2次橋本内閣）	
1997年	7月　通信政策局地域通信振興課長 **関連エピソード（43、44、45）**	9月11日　自見庄三郎郵政大臣（第2次橋本改造内閣）	
1998年	7月　郵政研究所通信経済研究部長 **関連エピソード（46、47、48）**	2月2日　新郵便番号制を導入（7桁） 7月30日　野田聖子郵政大臣（小渕内閣、小渕第1次改造内閣） 9月1日　冊子小包を創設（書籍小包・カタログ小包を廃止）	
1999年	7月　簡易保険郵便年金福祉事業団総務部長 **関連エピソード（49）**	1月18日　一般の金融機関との間のATM提携サービスを開始 10月5日　前島英三郎（八代英太）郵政大臣（小渕第2次改造内閣、第1次森内閣）	

年	筆者の動き	郵政（G）の動き ※民営化後の会長職の記載は省く	社会経済の動き
2000年	同上 **関連エピソード（49）**	3月末　郵便貯金残高が年度末のものとしては史上最高額に（259兆9702億円） 7月4日　平林鴻三郵政大臣（第2次森内閣） 12月5日　片山虎之助郵政大臣（第2次森改造内閣）	
2001年	1月　郵政事業庁郵務部管理課長 7月　郵政事業庁総務部人事課長 **関連エピソード（50、51、52、55）**	1月6日　片山虎之助総務大臣（第2次森改造内閣） 1月6日　総務省・郵政事業庁が発足（中央省庁等改革の一環） 1月6日　足立盛二郎郵政事業庁長官 4月1日　郵便貯金資金・郵便振替資金の全額自主運用が実現 この年　職員が参議院議員選挙で選挙違反	3月16日　政府が戦後初めてデフレと認定 4月1日　財政投融資制度が抜本的に改革される

年	筆者の動き	郵政（G）の動き ※民営化後の会長職の記載は省く	社会経済の動き
		渡切費の不適正な経理が判明	
2002年	同上	1月8日　松井浩郵政事業庁長官 3月末　郵便局数が年度末のものとしては史上最高に（2万4780局）。年度の郵便物数が史上最高に（267億2541万通・個） 3月末　簡易保険資金が年度末のものとしては史上最高額に（124兆7617億円）	2月　戦後最長の景気回復（～2008年2月）
2003年	4月　日本郵政公社人事部長 **関連エピソード（53、57）**	1月17日　團宏明郵政事業庁長官 4月1日　日本郵政公社が発足（郵政事業庁を廃止、簡易保険福祉事業団が解散、三特別会計も廃止） 4月1日　生田正治日本郵政公社総裁 4月21日　エクスパック500の試行を開始（10月14日に本実施）	4月1日　民間事業者も信書の送達ができるようになる

年	筆者の動き	郵政（G）の動き ※民営化後の会長職の記載は省く	社会経済の動き
		9月22日　麻生太郎総務大臣（第1次小泉改造内閣第2次改造）	
2004年	1月　日本郵政公社郵便事業総本部営業企画部長 **関連エピソード（58、59）**	10月1日　ゆうパック・リニューアル（基本料金体系の変更、ゴルフゆうパック等の創設等）	
2005年	同上 **関連エピソード（60）**	6月2日　郵便局での投資信託の販売が実現（実際の販売の開始は10月3日） 10月31日　竹中平蔵総務大臣（第3次小泉改造内閣）	4月1日　ペイオフが解禁される 4月1日　個人情報保護法が施行される 8月8日　郵政民営化関連法案を参議院が否決、衆議院が解散される（9月11日の総選挙では自民党が大勝し関連法案は10月14日に成立）
2006年	4月　日本郵政公社	4月1日　西川善文日本郵政公社総	

年	筆者の動き	郵政（G）の動き ※民営化後の会長職の記載は省く	社会経済の動き
	執行役員	裁 9月26日　菅義偉総務大臣（第1次安倍内閣）	
2007年	10月　郵便局株式会社執行役員	8月27日　増田寛也総務大臣（第1次安倍改造内閣） 10月1日　日本郵政グループが発足（主要5社）（日本郵政公社は解散） 同日　西川善文日本郵政取締役兼代表執行役社長（CEO） 同日　團宏明郵便事業代表取締役社長（COO） 同日　寺阪元之郵便局代表取締役社長（COO） 同日　高木祥吉ゆうちょ銀行取締役兼代表執行役社長（COO） 同日　山下泉㈱かんぽ生命保険取締役兼代表執行役社長（COO）	

年	筆者の動き	郵政（G）の動き ※民営化後の会長職の記載は省く	社会経済の動き
2008年	同上 **関連エピソード（61）**	5月1日　JP BANKカードの取扱いを開始 9月24日　鳩山邦夫総務大臣（麻生内閣） 12月26日　かんぽの宿等の事業譲渡契約をオリックス不動産と締結（2009年2月16日に解約で合意）	9月　リーマン・ショック
2009年	6月　郵便局株式会社常務執行役員 11月　郵便事業株式会社常務執行役員 東京支社長 **関連エピソード（61、63）**	1月5日　全銀システムによる他の金融機関との振込サービスを開始 6月12日　佐藤勉総務大臣（麻生内閣） 9月16日　原口一博総務大臣（鳩山由紀夫内閣） 10月28日　齋藤次郎日本郵政取締役兼代表執行役社長 11月20日　鍋倉眞一郵便事業代表取	9月16日　政権交代（民主・社民・国民新三党連立の鳩山由紀夫内閣が成立）

年	筆者の動き	郵政（G）の動き ※民営化後の会長職の記載は省く	社会経済の動き
		締役社長 11月28日　永富晶郵便局代表取締役社長 12月1日　井澤吉幸ゆうちょ銀行取締役兼代表執行役社長 12月4日　社員の横領等でゆうちょ銀行・かんぽ生命保険・郵便局㈱に業務改善命令	
2010年	同上 **関連エピソード(62)**	7月1日　ゆうパック事業とペリカン便事業を統合。統合当初には大規模な配達遅延を生じさせる 9月17日　片山善博総務大臣（第1次菅直人改造内閣）	
2011年	4月　郵便事業株式会社常務執行役員 **関連エピソード(64、65、66)**	9月2日　川端達夫総務大臣（野田内閣）	3月11日　東日本大震災

年	筆者の動き	郵政（G）の動き ※民営化後の会長職の記載は省く	社会経済の動き
2012年	4月　日本郵便株式会社常務執行役員	5月31日　JPタワー（旧東京中央郵便局跡地）が竣工（2013年3月21日にグランドオープン） 6月22日　石井雅実かんぽ生命保険取締役兼代表執行役社長 10月1日　樽床伸二総務大臣（第3次野田改造内閣） 同日　新日本郵政グループが発足（主要4社。郵便事業㈱と郵便局が統合して日本郵便に） 同日　鍋倉眞一日本郵便代表取締役社長兼執行役員社長 12月20日　坂篤郎日本郵政取締役兼代表執行役社長 12月26日　新藤義孝総務大臣（第2次安倍内閣）	12月26日　自民党が政権復帰（第2次安倍晋三内閣が成立） 12月　戦後2番目に長い景気回復（〜2018年10月）
2013年	4月　日本郵政株式	6月20日　西室泰三日本郵政取締役	

年	筆者の動き	郵政（G）の動き ※民営化後の会長職の記載は省く	社会経済の動き
	会社常務執行役	兼代表執行役社長 6月28日　高橋亨日本郵便代表取締役社長兼執行役員社長	
2014年	4月　日本郵政株式会社専務執行役（兼職） 日本郵政インフォメーションテクノロジー株式会社非常勤取締役 5月　JPツーウェイコンタクト株式会社非常勤取締役 6月　ゆうせいチャレンジド株式会社代表取締役社長	2月26日　自主的な形でのものとしては初めて中期経営計画を策定し公表（日本郵政グループ中期経営計画〜新郵政ネットワーク創造プラン2016〜） 9月3日　高市早苗総務大臣（第2次安倍改造内閣）	

年	筆者の動き	郵政（G）の動き ※民営化後の会長職の記載は省く	社会経済の動き
	6月　日本郵政スタッフ株式会社代表取締役社長 **関連エピソード（54）**		
2015年	同上 **関連エピソード（54、67）**	4月1日　西室泰三ゆうちょ銀行取締役兼代表執行役社長 5月11日　長門正貢ゆうちょ銀行取締役兼代表執行役社長 5月28日　日本郵便がトール（オーストラリア）を買収 11月4日　日本郵政・ゆうちょ銀行・かんぽ生命保険が株式を上場	
2016年	7月　日本郵便輸送株式会社代表取締役副社長 **関連エピソード（54、67）**	4月1日　長門正貢日本郵政取締役兼代表執行役社長 同日　池田憲人ゆうちょ銀行取締役兼代表執行役社長 6月28日　横山邦男日本郵便代表取	4月14日、16日　平成28年（2016年）熊本地震

年	筆者の動き	郵政（G）の動き ※民営化後の会長職の記載は省く	社会経済の動き
		締役社長兼執行役員社長	
2017年	6月　日本郵便輸送株式会社代表取締役社長 **関連エピソード**(67)	5月15日　2016年度決算でトールののれん等の減損損失4003億円を特別損失として計上 6月21日　植平光彦かんぽ生命保険取締役兼代表執行役社長 8月3日　野田聖子総務大臣（第3次安倍内閣第3次改造）	
2018年	同上 **関連エピソード**(67)	10月2日　石田真敏総務大臣（第4次安倍内閣第1次改造）	
2019年（5月1日から令和元年）	同上 **関連エピソード**(67)	9月11日　高市早苗総務大臣（第4次安倍内閣第2次改造） 12月27日　かんぽ生命保険商品の不適正募集でかんぽ生命保険・日本郵便に業務停止命令・業務改善命令、日本郵政に業務改善命令	4月1日　郵便局ネットワークの維持の支援のための交付金・拠出金の制度が創設される 12月に発生が報告された新型コロナウイルス感染症が世界的

年	筆者の動き	郵政（G）の動き ※民営化後の会長職の記載は省く	社会経済の動き
			に蔓延
2020年	6月　JPビズメール株式会社代表取締役社長	1月6日　増田寛也日本郵政取締役兼代表執行役社長 同日　衣川和秀日本郵便代表取締役社長兼執行役員社長 同日　千田哲也かんぽ生命保険取締役兼代表執行役社長 9月16日　武田良太総務大臣（菅義偉内閣）	1月31日　英国がEUを離脱
2021年	6月　日本通信株式会社常勤監査役 **関連エピソード(56)**		5月1日　土曜日配達の休止等を可能とする「郵便法及び民間事業者による信書の送達に関する法律の一部を改正する法律」施行

2004年1月　日本郵政公社　郵便事業総本部　営業企画部長
2006年4月　日本郵政公社　執行役員
2007年10月　郵便局株式会社　執行役員
2009年6月　郵便局株式会社　常務執行役員
2009年11月　郵便事業株式会社　常務執行役員　東京支社長
2011年4月　郵便事業株式会社　常務執行役員
2012年4月　日本郵便株式会社　常務執行役員
2013年4月　日本郵政株式会社　常務執行役
2014年4月　日本郵政株式会社　専務執行役
2016年7月　日本郵便輸送株式会社　代表取締役副社長
2017年6月　日本郵便輸送株式会社　代表取締役社長
2020年6月　JPビズメール株式会社　代表取締役社長
2021年6月　日本通信株式会社　常勤監査役

【兼職】

2014年6月～2016年6月　ゆうせいチャレンジド株式会社　代表取締役社長
2014年6月～2015年6月　日本郵政スタッフ株式会社（現日本郵政コーポレートサービス株式会社）代表取締役社長
2014年5月～2016年6月　JPツーウェイコンタクト株式会社　非常勤取締役
2014年4月～2016年6月　日本郵政インフォメーションテクノロジー株式会社　非常勤取締役
2023年6月～　株式会社ピー・パートナーズ　監査役
2023年6月～　一般財団法人ゆうちょ財団　理事（非常勤）

以上

【著者履歴】

勝野（かつの）　成治（せいじ）　福岡県出身

【学歴】

1973年３月　大分県立　大分上野丘高校卒業
1978年３月　東京大学　法学部卒業

【職歴】

1978年４月　郵政省　入省
1978年７月　郵政省　人事局管理課（労務担当）
1980年７月　外務省　経済協力局技術協力第一課（主査）
1982年７月　郵政省　大臣官房国際協力課（係長）
1983年７月　郵政省　大川郵便局長
1984年７月　郵政省　関東郵政局　人事部　管理課長
1986年３月　郵政省　貯金局　金融自由化第一対策室室長補佐
1987年７月　郵政省　貯金局　経営企画課課長補佐
1989年７月　郵政省　貯金局　総務課課長補佐
1991年７月　郵政省　近畿郵政局　郵務部長
1992年７月　郵政省　簡易保険局　金融自由化対策室長
1993年７月　郵政省　貯金局　金融自由化推進室長
1994年７月　郵政省　貯金局　国際ボランティア貯金推進室長
1995年７月　郵政大臣秘書官（村山改造内閣）
1996年１月　郵政省　通信政策局　情報通信利用振興室長
1997年７月　郵政省　通信政策局　地域通信振興課長
1998年７月　郵政省　郵政研究所　通信経済研究部長
1999年７月　郵政省　簡易保険郵便年金福祉事業団　総務部長
2001年１月　総務省　郵政事業庁　郵務部　管理課長
2001年７月　総務省　郵政事業庁　総務部　人事課長
2003年４月　日本郵政公社　人事部長

霞が関 型破り人生
——混迷の郵政を駆け巡る

2023年12月25日　第1刷発行

著　者　勝　野　成　治
発行者　加　藤　一　浩

〒160-8519　東京都新宿区南元町19
発　行　所　一般社団法人 金融財政事情研究会
出　版　部　TEL 03(3355)2251　FAX 03(3357)7416
販売受付　TEL 03(3358)2891　FAX 03(3358)0037
URL https://www.kinzai.jp/

DTP・校正:株式会社友人社／印刷:三松堂株式会社

ISBN978-4-322-14388-1